深圳市装配式混凝土建筑
设计指南

深圳市建设科技促进中心 / 主编

华南理工大学出版社
SOUTH CHINA UNIVERSITY OF TECHNOLOGY PRESS
·广州·

图书在版编目（CIP）数据

深圳市装配式混凝土建筑设计指南/深圳市建设科技促进中心主编. —广州：
华南理工大学出版社，2024.12
ISBN 978-7-5623-7745-0

Ⅰ.①深…　Ⅱ.①深…　Ⅲ.①装配式混凝土结构-结构设计　Ⅳ.①TU37

中国国家版本馆CIP数据核字（2024）第103713号

Shenzhen shi Zhuangpeishi Hunningtu Jianzhu Sheji Zhinan

深圳市装配式混凝土建筑设计指南

深圳市建设科技促进中心　主编

出 版 人：房俊东

出版发行：华南理工大学出版社

（广州五山华南理工大学17号楼，邮编510640）

http：//hg.cb.scut.edu.cn　E-mail：scutc13@scut.edu.cn

营销部电话：020-87113487　87111048（传真）

策划编辑：肖　颖

责任编辑：肖　颖

责任校对：王洪霞　盛美珍

印 刷 者：广州一龙印刷有限公司

开　　本：787mm×960mm　1/16　印张：8.75　字数：170千

版　　次：2024年12月第1版　印次：2024年12月第1次印刷

定　　价：60.00元

编委会

编委会成员：龚爱云　邓文敏　岑　岩　唐振忠　李　蕾

编写人员：王　蕾　李天云　龚春城　周晓璐　李　月　朱　亮　王元媛
　　　　　林　勇　李红芳　黄　斌　谌贻涛　张学军　屈　健　郭文波
　　　　　刘　畅　丁　宏　肖　瀚　梁非凡　禹愿雄　晏烨俊　林志鹏
　　　　　白　洞　王　琼　李喆靖　安　鹏　马健胜　韦久跃　王炜博
　　　　　陈俊尧　冯晓燕　梁　臻　胡　涛　刘　昊　刘向前　吴宣达
　　　　　范　航　付灿华　江国智

审　　稿：赵晓龙　刘　丹　汪四新　林　庆　练贤荣　徐　立　项　兵
　　　　　陈立民　林碧懂

指导单位：深圳市住房和建设局

主编单位：深圳市建设科技促进中心

参编单位：香港华艺设计顾问（深圳）有限公司
　　　　　深圳市天华建筑设计有限公司
　　　　　深圳市华阳国际工程设计股份有限公司
　　　　　深圳壹创国际设计股份有限公司
　　　　　奥意建筑工程设计有限公司
　　　　　深圳时代装饰股份有限公司
　　　　　中建海龙科技有限公司

党的十八大以来，以习近平同志为核心的党中央高度重视科技创新，强调要以科技创新推动产业创新，特别是以颠覆性技术和前沿技术催生新产业、新模式、新动能，发展新质生产力。

深圳作为全国首个住宅产业化综合试点城市和首批装配式建筑示范城市，积极响应国家号召，将"加快推进新型建筑工业化"、"稳步发展装配式建筑"作为发展新质生产力及提升城市建设品质的重要举措，从加强规划统筹、健全体制机制方面入手，通过技术创新、管理创新和模式创新，充分发挥装配式建筑"两提两减"（即提高质量、提高效率、减少人工、节能减排）优势，高质量打造了凤凰英荟城、华章新筑等一批"好房子"样板项目，以及孵化培育了中建科工、中建科技、中建海龙等一批优质产业基地，标准体系逐步完善，产业链现代化水平稳步提升，形成了具有深圳特色的装配式建筑发展模式。

为推动装配式建筑稳步发展，加快推进新型建筑工业化，进一步提升装配式混凝土建筑前期策划与设计专业水平，深圳市建设科技促进中心组织行业专家和相关单位，编制完成了《深圳市装配式混凝土建筑设计指南》。全书共分为九个章节，涵盖项目前期策划、一体化协同设计、建筑设计、结构系统设计、外围护结构系统设计、设备与管线系统设计等各环节，充分结合深圳市装配式建筑的发展经验，改变传统建造模式下设计图纸与现场建造相互脱节的工作方法，从创新装配式建筑设计建造方法角度出发，提出新的整合性设计思路与流程，在项目设计初期就将建设全过程的策划设计、工厂生产和装配建造等环节联结为一个完整的产业系统，从而实现设计建造全产业链的整合，形成一种高效、协同的设计项目管理模式，为提升设计质量、建造水平及从业人员的技术能力和管理水平提供了重要参考。

本书仅供装配式建筑相关企业和从业人员借鉴参考，实践过程中如有意见和建议，可反馈至邮箱cjzxtgk@zjj.sz.gov.cn，以供今后修订时修正和充实，为深圳市装配式建筑发展做出贡献。

编　者

2024年12月

目　录

1

总　则

1.1 编制目的和意义

为积极响应国家的技术经济政策，本指南遵循安全、经济、适用、美观、绿色、低碳的原则，旨在提出装配式混凝土建筑前期策划和设计的基本原则和方法，强调一体化设计和管理，形成涵盖策划、建筑、结构、机电、装修、BIM（建筑信息化应用）、模块化设计等的成套设计技术，发展和完善装配式建筑设计技术体系，提升装配式混凝土建筑的设计质量及建造水平。希望本指南能从方法、流程等方面为广大建筑师的装配式建筑设计工作提供一定指导，以促进装配式建筑可持续性发展。

1.2 适用范围

本指南适用于深圳市装配式混凝土建筑项目的策划和设计管控。

1.3 参考文件

本指南参考深圳市现行装配式建筑政策及标准、规范、图集进行编制（名称、文号等详见附录），符合国家、部委及地方制定的政策标准、规范、规程和规定。

2

前期策划

2.1 装配式建筑实施流程

装配式建筑项目应考虑实现标准化设计、工厂化生产、装配化施工、一体化装修、信息化管理和智能化应用，全面提升建筑品质，降低建造和维护成本。与现浇混凝土建筑的建设流程相比，装配式建筑的建设流程更全面、更精细、更综合，增加了前期策划、工厂生产、一体化装修、维护更新等过程，强调了建筑设计和工厂生产的协同、内装修和工厂生产的协同、主体施工和内装修施工的协同（图2-1）。

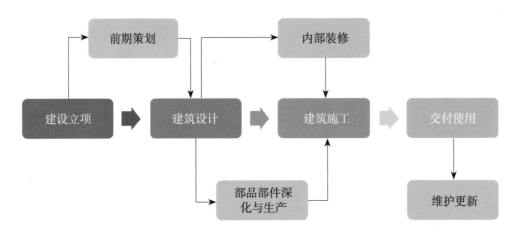

图2-1 装配式建筑建设参考流程图

相较传统的现浇建筑设计方式，装配式建筑设计需要以前期策划为先导，提高各环节技术的串联度，推动多专业、多单位合作，全过程贯彻一体化协同整体设计（图2-2）。

图2-2 装配式建筑设计参考流程图

2.2 前期策划

装配式建筑建设过程中，需要建设、设计、生产和施工、管理等单位密切配合、协同工作全过程参与。因此，装配式建筑在方案设计之前应增加前期策划环节。前期策划是整个装配式建筑项目的核心，是产品化思维控制的重点，可以统筹规划与建筑设计、部品部件生产运输、施工安装和运营维护、信息化管理和智能化应用等环节，保障装配式建筑建造顺利实施。

2.2.1 前期策划要点

装配式建筑在项目的前期策划阶段，需对规划设计、部品部件生产和施工建造各个环节进行统筹安排，建设方、设计方、施工方三方密切协作，对技术选型、技术可行性、技术经济性和易建性进行评估。同时，应充分考虑政策要求、项目定位、建设规模、装配化目标、成本限额以及各种外部条件影响因素，尽可能提高预制构件的标准化程度，制定合理的装配式建筑初步方案及技术实施路径，为后续的设计工作提供依据。前期策划要贯穿于方案设计、施工图设计、部品部件深化设计之中。

前期策划阶段要考虑的影响因素、策划内容的关系如图2-3所示。

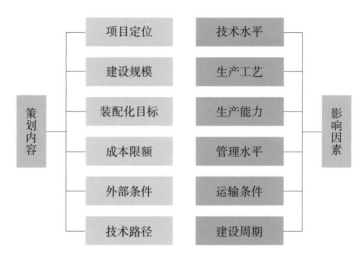

图2-3　装配式建筑前期策划阶段要点框图

2.2.2 前期策划流程

前期策划需要建设方组织，设计单位牵头，各方充分参与，结合任务目标进行策划。在这个过程中，设计单位要充分了解建设单位意图、政策法规要求、建设所在地周边预制部品部件产能情况及技术特点，提出装配式建筑建造的技术路径，并形成装配式建筑建造的初步方案（图2-4）。

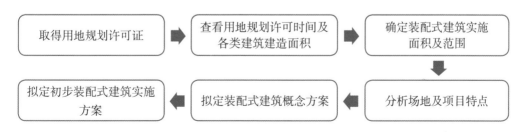

图2-4　装配式建筑前期策划路径简图

2.2.3 前期策划主要内容

前期策划的总体目标是项目的经济效益、环境效益和社会效益实现综合平衡，策划的重点是项目经济性、可行性的评估，需保持各专业间的协同，主要包括下列工作内容。

（1）分析当地装配式建筑政策要求及实施流程

当前我国装配式建筑的发展，东南沿海与西北内陆地区之间仍存在较大差异，主要体现在产业规模、技术能力、人才储备等方面。各地执行的评价标准有所不同，多地在国家标准基础上增加了新技术加分项，突出了标准化设计、BIM、绿色施工和当地建设领域新技术的应用。因此，项目前期必须充分了解当地政策，因地制宜确定项目相应的装配式建筑目标和方案。

现以深圳市项目为例，依据深圳市现行装配式建筑政策进行分析：

第一步，确定项目的装配式建筑实施范围及评价标准。

根据《深圳市住房和建设局关于明确推进新型建筑工业化发展相关工作的通知》，2023年起，全市新建民用建筑、工业建筑（研发用房或产业用房）项目原则上全部采用装配式建筑方式建设。下列新建民用建筑和工业建筑（研发用房或产业用房），可自行选择合适的装配式建筑技术，不作评分要求。

①单体建筑面积5000 m²及以下的新建建筑；

②建设用地内配建的非独立占地的公共配套设施（包括物业服务用房、社区健康服务中心、文化活动室、托儿所、幼儿园、公交场站、停车场、垃圾房等）；

③除住院部以外的医疗卫生类建筑；

④除教学、办公以外的教育科研类建筑，及《深圳市人民政府办公厅关于印发高中学校建设方案（2020—2025年）的通知》（深府办函〔2019〕286号）中列入建设明细表的高中学校项目；

⑤文物、宗教、涉及国家安全和保密等特殊类建筑。

对于因功能、工艺及技术有特殊要求确实无法满足深圳市《装配式建筑评分规则》最低技术评分要求的，可按照《深圳市住房和建设局　深圳市规划和国土资源委员会关于做好装配式建筑项目实施有关工作的通知》（深建规〔2018〕13号）的要求及流程，向深圳市建设科技促进中心申请采用国家《装配式建筑评价标准》（GB/T 51129—2017）（满足该标准3.0.3的要求，装配率不低于50%）或采用广东省《装配式建筑评价标准》（DBJ/T 15-163—2019）（满足该标准3.0.3的要求，装配率不低于50%）进行评价。若项目无法满足国家或广东省《装配式建筑评价标准》的要求，在应做尽做的原则下，可申请调整装配式建筑技术评分要求。

第二步，项目建设全过程应按照深圳市相关政策要求完成装配式建筑项目全过程管理（图2-5）。

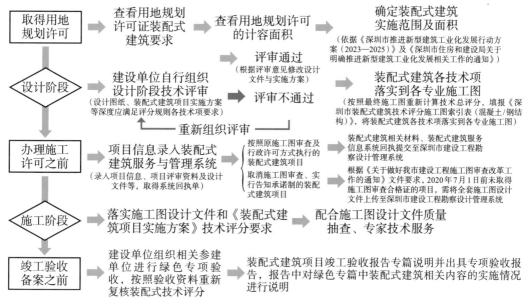

图2-5　深圳市装配式建筑实施流程关键节点图示

（2）根据建筑功能、项目定位等确定结构系统的形式

装配式建筑设计方案的首要任务是确保满足使用功能。不同类型的建筑，结构形式也各不相同。例如，住宅建筑在设计时需着重考虑居住者的舒适性和安全性；而商业办公建筑在保障承重能力的基础上，还需注重空间的灵活性和多变性，以满足不同工作场景的需求。

其次，要满足项目的高效和便捷建设，提升项目易建性和建造效率。在项目前期，应着重考虑项目的标准化和集成化设计特点，遵循少规格、多组合的原则；同时，在项目定位阶段，要充分考虑装配式建筑的影响，避免后期在平面或立面设计上过于复杂的情况。

最后，在选定结构形式时，必须充分考虑地质条件、气候特点和地震因素等，并在合适的部位优先采用标准化产品。这不仅有助于提升建筑的经济性，还能确保其设计的合理性，这对于建筑的整体性能和长期效益至关重要。

（3）预制构件厂生产能力、项目部品部件运输的可行性与经济性

装配式建筑的施工需综合考虑预制构件厂的生产能力、产业配套情况以及合理的运输半径（通常建议在150 km以内，而经济运距则一般控制在100 km以内）。此外，项

目用地周边应具备完善的构件、部品运输交通条件，同时，项目用地内部也应便于构件的进出。具体考虑因素包括：

①该地区以及周边 150 km 范围内，PC 构件工厂的分布情况。

②PC厂生产线条数和类型、生产线设备供应商，其自动化程度，厂区堆场的情况。

③PC 工厂构件年产能以及生产排期情况。

④该地区现阶段各类预制构件价格。

⑤车辆运输条件。

⑥在制定运输方案时，需综合考虑PC厂地址与建设场地之间的距离以及道路的实际状况，尤其要重点考察"最后一公里"的通行条件。通常情况下，构件厂周边的道路状况较为良好，关键在于如何通过高效的运输方式确保构件能够顺利、安全地抵达建设地"最后一公里"的位置，满足构件运输车辆的通行要求。

若生产能力达不到预制装配的技术要求，则片面追求预制率反而会埋下工程质量隐患，降低效率并增加造价。构件的运输物流费用约占构件成本的7%，前置的运输方案策划可以避免施工阶段因运输条件受限而造成的成本增加。

（4）提前考虑施工组织及技术路线

施工组织及技术路线主要包括：施工现场的预制构件临时堆放方案可行性；用地是否具备充足的构件临时存放场地及构件在场区内的运输通道；构件运输组织方案与吊装方案协调同步；该地区的装配式建筑施工能力评估等。

具体需细致考虑塔吊布置与运输道路、构件堆场之间的协同关系，合理规划堆场位置，减少二次倒运的可能性，确保塔吊的吊装能力能够覆盖整个主体建筑及构件堆场，从而保障施工现场工作的连贯性。此外，还需深入调研项目所在地施工企业是否具备装配式建筑的施工组织经验，以及当地的软件资源（如管理人员、操作人员）和硬件条件（如机械设备、吊装设备等）是否满足装配式建筑的施工要求。这些调研和评估对于工程造价及工期的控制至关重要，应在技术策划阶段加以重视。

（5）造价与经济性评估

项目建设方应统筹各设计专业，按照项目的建设需求、用地条件、容积率等，结合预制构件厂生产能力及装配式建筑结构适用的不同角度，进行经济性分析，确定项目的技术方案。影响装配式混凝土建筑成本的主要因素有：

①建筑规模：建筑规模大的建设项目，更有利于标准化、模块化，提高预制率，降低成本。

②标准化生产：预制构件的标准化程度是后期成本节约的一个最主要因素，标准

化程度越高，重复利用率就越高，分摊成本就相应越低，因此在前期策划阶段，应充分考虑预制构件尺寸规格和构件连接件的标准统一。

③一体化设计：平面户型及立面设计模块化、模数化，各功能空间布局合理、规则有序。同时，各专业在生产、施工全过程中协同互动，提升效率，有效降低成本。

④精细化管理：将设计、生产、施工策划前置，确保各环节有序衔接，能够有效节省工期并降低成本，为此，选择EPC（工程、采购、施工）工程总承包模式，对装配式建筑将是一个理想的选择。

2.2.4 前期策划实施路径

建设单位应协调各方提前介入，积极承担装配式建筑设计、构件生产、施工等各方之间的综合管理协调责任，建立各单位协同合作的工作机制，促进各方之间的紧密协作。在装配式建筑前期策划与技术策划阶段，各部门各专业协同的具体工作如图2-6所示。

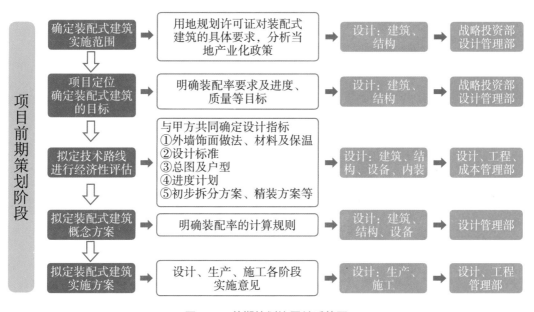

图2-6 前期策划协同关系简图

2.2.5 BIM技术策划

装配式建筑采用基于BIM的一体化集成应用技术，可实现装配式建筑的建筑、结构、机电、装修及预制构件全专业的一体化集成设计，实现设计、生产、施工、装修全过程的一体化集成建造，最终实现装配式建筑数字化、信息化管理，提升装配式建筑施工效率与质量。同时，建立装配式建筑项目数据信息库，为实现装配式建筑全过程质量管控提供技术支撑。

BIM技术应用于建筑全生命周期，可推动实现建筑全生命周期的一致性和协调性。因此，每个项目必须根据项目需求，有针对性地进行BIM策划。项目团队据此将BIM整合到项目全过程各阶段的工作流程中，并正确地实施和监控，为工程项目带来效益。通过BIM策划，可以实现以下目标：

①明确BIM应用为项目带来的潜在价值。这是BIM策划制定的第一步，也是最重要的步骤。目标一般体现为提升项目总体效益和项目团队管理能力，如缩短施工周期、提升工程质量、减少施工变更、确保信息的有效传递等。

②协助各阶段各专业人员理解各自的角色和责任。

③明确BIM应用各阶段所需资源、培训及其他软硬件条件。

④BIM策划为各阶段新加入团队的成员，提供应用过程的标准，为各阶段进度进展提供初步的管控依据。

3

一体化协同设计

传统建筑设计专业间分割严重，各专业介入较晚且相对独立，一般是串联式发展，缺少前期策划，设计内容反复修改，导致项目工期延长、建设成本增加、工程质量无法保证。装配式建筑设计相较传统建筑设计来说，更强调各专业间的一体化协同设计。装配式建筑的建造方式是一个全专业、全过程的系统集成，以工业化建造方式为基础，实现结构系统、外围护系统、设备与管线系统、内装系统等四大系统一体化协同设计，从而实现前期策划、设计、生产与施工全过程一体化。这对装配式建筑项目的管理、设计及执行都提出了更高要求，故装配式建筑项目需要各方参与人员具备较强的一体化协同能力。

装配式建筑的设计前期策划决定了项目实施策略，设计各阶段强调各专业并联式协同设计，并在施工前对接构件生产及现场施工。通过建筑模数协调设计和部品部件集成体系的方式，强调建筑、结构、设备、装修等专业间的相互配合，并运用信息化技术手段（BIM）满足建筑设计、生产运输、施工安装等要求。

3.1　前期策划阶段的协同

前期策划要考虑到项目定位、建设规模、装配化目标、成本限额以及各种外部因素对装配式建筑施工的影响，并根据标准化、模块化设计原则制定合理的项目实施策略，为后续阶段提供设计依据。前期策划阶段集成设计内容与协同见表3-1。

表3-1　前期策划阶段集成设计内容与协同

阶段流程	集成设计内容	各专业参与方协同									
		建设方	设计方							生产方	施工方
			总图	建筑	结构	给水排水	暖通	电气	内装		
前期策划阶段	项目定位（地域、政策、技术、成本、工期、管理等）	★	☆	★	★	☆	☆	☆	☆	☆	☆
	项目可行性研究	★	☆	★	★	☆	☆	☆	☆	★	★

注：★为应重点考虑的技术专业，☆为应参与考虑的专业。

在前期策划阶段，设计人员应保持与各专业协同，具体工作如下：

①分析当地建筑工业化政策要求及本项目的需求、定位。

②根据建筑功能、项目定位等确定结构系统形式。

③确定结构系统形式后，根据当地建筑工业化政策标准要求以及周边厂家的生产能力等因素，基本确定装配式建筑技术体系。

④根据建筑功能、市政条件、项目定位及投资造价等因素，初步考虑设备系统形式。

⑤内装系统根据项目需求、技术路线、建设条件与成本控制等要求，统筹考虑室内装修的施工建造、维护使用，采用适宜、有效的装配化集成技术。

3.2　方案设计阶段的协同

方案设计阶段是对四大系统进行协同设计的重要环节，在这一阶段，各方需根据前期策划所确定的技术路线与需求，秉承标准化设计原则，设计系统集成的方案。方案设计阶段集成设计内容与协同见表3-2。

表3-2　方案设计阶段集成设计内容与协同

阶段流程		集成设计内容	各专业参与方协同							生产方	施工方	建设方
			设计方									
			建筑	结构	给水排水	暖通	电气	总图	内装			
方案设计阶段	总体协调	总平面设计	★	☆	☆	☆	☆	★				★
		建筑总体设计	★	★	☆	☆	☆	☆				★
	结构系统	建筑方案设计	★	★	★	★	★	★	☆			★
		结构选型设计	★	★	★	★	★		☆	☆	☆	★
	外围护系统	立面风格设计	★	★	★	★	★			☆		★
		空间识别设计	★	★					★			★
		建筑节能设计	★	★	★	★	★	★		☆		★
	设备与管线系统	给水排水设计	★	☆	★			★	★	☆		★
		暖通设计	★	☆		★		★	★	☆		★
		电气设计	★	☆			★	★	★	☆		★
	内装系统	隔墙、地面、吊顶选型	★	☆	★	★	★		★	☆		★
		集成厨房、整体卫浴（如有）	★	☆	★	★	★		★	☆		★
		系统收纳（如有）	☆						★	☆		★

注：★为应重点考虑的技术专业，☆为应参与考虑的专业。

设计人员在方案设计阶段应在各个设计环节充分考虑装配式建筑与传统建筑项目的差异性，协同结构、设备和内装等专业与建设方共同完成方案设计，具体工作如下：

①总体规划布局时，需考虑建筑模数协调、标准化设计及装配式建筑施工的可行性，在保障建筑使用功能的前提下，建筑方案应注重平面、建筑体形的规则性，模数和模块的标准化，并提高模块使用率；立面应结合外墙系统类型进行设计。

②根据项目定位、场地条件、建筑方案等确定合理的结构体系和预制部品类型；根据建筑方案、结构体系、绿色建筑要求等初步确定外围护系统的形式。

③根据项目定位、建筑方案等制定设备与管线系统的实施技术路径，并结合内装系统初步考虑设备管线敷设方式。

④完成内装部品选型，优选集成化、模块化部品。

3.3 初步设计阶段的协同

初步设计阶段旨在方案设计文件的基础上进行深化设计，以解决总图与建筑功能、四大系统自身与系统之间集成等方面的技术问题。初步设计阶段集成设计内容与协同见表3-3。

表3-3 初步设计阶段集成设计内容与协同

阶段流程		集成设计内容	各专业参与方协同									
			设计方							生产方	施工方	建设方
			建筑	结构	给水排水	暖通空调	电气智能化	总图	内装			
初步设计阶段	结构系统	结构平面布置	☆	★						☆	☆	★
		结构系统连接设计	☆	★						☆	☆	★
	外围护系统	外围护系统的立面划分	★	★		☆				☆	☆	★
		外墙、屋面节能、防水、防火等集成技术	★	☆				☆		☆	☆	★
		预制外挂墙板、幕墙等连接技术	★	★						☆	☆	★

续上表

阶段流程	集成设计内容	各专业参与方协同								生产方	施工方	建设方
		设计方										
		建筑	结构	给水排水	暖通空调	电气智能化	总图	内装				
初步设计阶段	设备与管线系统	给水排水系统集成技术	★		★	☆	☆	☆	★				★
		暖通系统集成技术	★			★	☆	☆	★				★
		电气系统集成技术	★			☆	★	☆	★				★
		管线管井布置及模块化集成技术	★	☆	★	★	★		★	☆	☆		★
	内装系统	集成隔墙、地面、吊顶集成系统与技术（如有）	★	★	★	★	★		★	☆			★
		集成卫浴、集成厨房集成技术（如有）	★	★	★	★	★		★	☆			★
		收纳系统（如有）	☆						★	☆			★

注：★为应重点考虑的技术专业，☆为应参与考虑的专业。

设计人员应加强各专业之间配合度，具体工作如下：

①采用合理的结构系统与部件排布，优化轴网和层高，为预制构件的标准化提供有利条件。

②根据建筑方案、结构系统等，对外围护系统进行设计集成，考虑保温、防渗水、防火与装饰等功能，实现系统化、装配化、功能化和安全性等的要求。

③结合建筑方案、结构系统及内装系统，确定设备管线敷设方式，综合布置管线与管井。

④结合建筑方案、结构系统及设备与管线系统，进行空间整合，优化室内空间布局，初步确定吊顶布置、地面、墙面及天花等的做法。

⑤明确预制构件的空间尺寸、定位，开洞尺寸及位置，并考虑预制构件的预留预埋。

3.4 施工图设计阶段的协同

施工图设计阶段是在已获批准或通过专家论证等的初步设计文件基础上进行深化设计，提出各系统的详细设计，满足预制构件生产运输与施工安装的要求。施工图设计阶段集成设计内容与协同见表3-4。

表3-4 施工图设计阶段集成设计内容与协同

阶段流程	集成设计内容	各专业参与方协同							生产方	施工方	建设方
		设计方									
		建筑	结构	给水排水	暖通空调	电气智能化	总图	内装			
施工图设计阶段	结构系统	结构承重部件连接节点设计	★	★						★	★	★
		预制楼梯等连接节点设计	★	★					☆	★	★	★
		外挑部件等节点设计	★	★						★	★	★
		抗震、减隔震、防火防腐节点设计		★								★
	外围护系统	外墙板缝、窗口缝等接口设计	★		☆	☆	☆		☆	★	★	★
		外墙、屋面系统连接节点的抗震、防火、防水、隔声、节能等的设计	★	★	☆	☆	☆		☆	☆	☆	★
		外墙、屋面防护栏杆（板）等接口设计	★	★						★	★	★

阶段流程	集成设计内容	各专业参与方协同							生产方	施工方	建设方
		设计方									
		建筑	结构	给水排水	暖通空调	电气智能化	总图	内装			
施工图设计阶段	设备与管线系统	给水排水设备管线节点与部品部件之间接口设计	★	★	★				☆	★	☆	★
		暖通设备管线节点与部品部件之间接口设计	★	★		★			☆	★	☆	★
		电气设备管线节点与部品部件之间接口设计	★	★			★		☆	★	☆	★
		模块化管线管井节点接口设计	★	★	★	★	★		☆	☆	☆	★
	内装系统	集成隔墙、地面、吊顶节点接口设计	★	☆	★	★	★		★	☆		★
		集成卫浴、集成厨房节点接口设计	★	☆	★	★	★		★	☆	☆	★
		系统收纳接口设计	★				★		★	☆		★

注：★为应重点考虑的技术专业，☆为应参与考虑的专业。

在施工图设计阶段，具体工作如下：

①结构系统应根据建筑功能布局和结构类型，进行结构柱网和平面深化设计，以及预制构件的连接节点设计。

②外围护系统应根据建筑、结构系统，细化保温、防水、防火与装饰功能的节点做法，如采用外挂墙板、幕墙、保温装饰一体板等，需进行立面划分，即进行外墙板

排板图设计：细化外墙连接件与结构构件的连接节点，细化防渗水、防火、保温等构造节点。

③设备管线系统需要进行优化布置，避免管线过多交叉，合理确定管井、检修口、设备管线接口的位置及尺寸。

④内装系统根据建筑空间与功能分布、室内基本风格、机电设备使用要求等综合考虑隔墙、地面、墙面及吊顶的集成设计。

3.5 深化设计阶段的协同

部品部件的深化设计阶段，是装配式建筑设计区别于一般建筑设计且具有高度工业化特征的设计环节。装配式建筑部品部件深化设计与生产阶段紧密连接，具体表现为生产企业依据预制构件加工图进行部品部件生产。深化设计阶段集成设计内容与协同见表3-5。

表3-5　深化设计阶段集成设计内容与协同

阶段流程	集成设计内容	各专业参与方协同									
		设计方							生产方	施工方	建设方
		建筑	结构	给水排水	暖通	电气	总图	内装			
部品部件深化设计阶段	结构部件深化设计详图	☆	★	★	★	★			★	★	☆
	外墙板、幕墙深化设计详图	☆	★	★	★	★			★	★	☆
	内装部品深化设计详图	☆						★	★	★	☆
	设备管线、连接节点预留预埋详图、点位详图	☆	★	★	★	★		★	★	★	☆

注：★为应重点考虑的技术专业，☆为应参与考虑的专业。

部品部件深化设计阶段需要设计人员了解部件部品的生产工艺、生产流程和运输安装等环节，这样才能更好地完成部品部件设计与连接节点设计。部件加工图设计是整个结构系统工序中的一项重要工作，是部件加工和安装的依据。部件深化设计的过程也是建设方、设计方、装修单位、门窗单位、生产方、施工方及其相关的分包单位等各方深入协同的过程，可以消除不同系统之间的冲突碰撞。

4

建筑设计

建筑工业化的核心是工厂化生产,工厂化生产的关键是标准化设计,标准化设计是装配式建筑的典型特征,也是装配式建筑的设计思路和方法。能否真正顺利实施装配式建筑以及有效控制建筑建造成本,建筑方案设计是关键。方案设计师在进行建筑总平面、单体平面、立面设计时,应结合结构、机电、室内精装等专业进行协同设计,初步确定预制构件类型,将装配式建筑设计理念贯穿方案设计至施工图设计全过程。同时,设计人员在方案设计阶段可基于方案概念模型进行BIM正向设计,根据装配式建筑设计理念,对方案进行总体分析,搭建装配式建筑方案BIM模型。

4.1 建筑总平面设计

建筑总平面设计包含建筑楼型、户型以及交通核功能模块的标准化设计。建筑模数化设计是平面、立面标准化设计的重要前提,故装配式建筑总平面设计时,应遵循少规格、多组合的设计原则,以标准化模块形成多样化的模块系列组合,这样既能满足装配式建筑核心内容之一的"标准化设计"要求,又能满足建筑多样化设计的要求。

实施装配式建筑的楼栋应尽量采用相同的标准层,减少楼栋种类,最大程度实现标准化;也可以采用不同的标准户型进行组合,最大程度实现户型标准化。各单体内的交通核功能模块也应当尽量采用相同的标准模块,最大程度提升项目整体的标准化设计。

总平面规划布局时应综合考虑施工场地、运输流线、构件堆场及塔吊的设置。塔吊选择应满足构件的最大吊重,且考虑其对项目周边建筑、设施的影响;同时应确保项目场地内预制构件运输道路通畅,场地内的预制构件可运输到各楼栋的吊装范围,构件运输道路宜设置在地下室范围外。

4.2 模数化、模块化设计

对于装配式建筑而言,要实现结构系统、外围护系统、设备与管线系统、内装系统的集成设计,需要各大系统建立在模数与模数协调的基础上。模数与模数协调是建筑工业化的基础,在装配式建筑中尤为重要,用于实现建筑的设计、制造、施工、安装等活动的互相协调,没有模数和尺寸协调,就无法实现标准化。因此,装配式建筑标准化设计的基本环节是建立一套适应性强的模数与模数协调原则,采用模数化、模块化及模块系列化的设计方法,将标准化设计建立在模数与模数协调的基础之上,最大程度实现标准化设计。这一方面可以促进部品部件的工厂化生产、装配化施工,另一方面可以大幅降低项目建造成本，提高生产、安装效率，方便维护和管理，乃至对建筑拆除后的部品部件再利用都有积极意义。设计时可参照《建筑模数协调标准》（GB/T 50002—2013）的模数数列进行平面和立面尺寸控制。

模数分为基本模数和导出模数，其中基本模数的数值应为100 mm（1 M等于100 mm），导出模数又分为扩大模数和分模数，扩大模数基数应为2 M、3 M、6 M、9 M…分模数基数应为1/2 M、1/5 M、1/10 M。模数数列应根据功能性和经济性原则确定，且宜满足以下要求：

①建筑物的开间、进深、隔墙和门窗洞口宽度等宜采用基本模数1 M和水平扩大模数$2n$ M、$3n$ M、$6n$ M、$9n$ M…进级（n为自然数）。

②建筑物高度、层高和门窗高度等宜采用基本模数1 M和竖向扩大模数（模数）$2n$ M、$3n$ M、$6n$ M、$9n$ M…进级（n为自然数）。

③支撑体结构部件梁、柱的长度方向和板的长度、宽度宜采用基本模数1M和水平扩大模数$2n$ M、$3n$ M、$6n$ M、$9n$ M…进级（n为自然数）。

④支撑体结构部件梁柱截面尺寸和板的厚度宜采用基本模数1 M和竖向分模数1/2 M、1/5 M进级。

⑤起固定、连接结构部件作用的分部件在三个维度上的参数宜采用分模数1/2 M、1/5 M、1/10 M进级。

⑥内装、外装部件的尺寸宜采用基本模数1 M和分模数1/2 M进级。

⑦内装、外装分部件的尺寸宜采用分模数1/2 M、1/5 M、1/10 M进级。

装配式建筑设计在遵循模数协调基础上，通过提供通用的尺度"语言"，实现设计与安装之间的尺寸配合协调，打通设计文件与生产之间的数据转换。实现尺寸配合协调的过程就是采用模数协调尺寸作为确定部品部件制作尺寸的基础，使设计、制造和施工的整个过程均彼此相容，从而降低项目造价。装配式建筑在指定领域中，部品部件的基准面之间的距离，可采用标志尺寸、制作尺寸和实际尺寸来表示，对应着部件的基准面、制作面和实际面。标志尺寸为复核模数列规定，用以标注建筑物定位轴线之间的距离，如开间、柱距、进深、跨度、层高等。制作尺寸加上节点或接口所需尺寸等于标志尺寸。实际尺寸是建筑部品、建筑构配件的实际可用尺寸。实际尺寸与制作尺寸的差值数应在规定的允许偏差数值内（图4-1）。

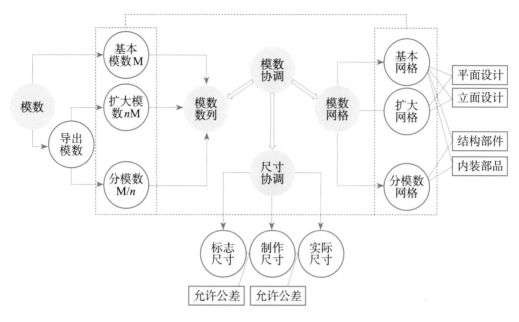

图 4-1 模数协调基本概念关系

对设计人员而言，更关心部品部件的标志尺寸（图4-2），以把控建筑的整体效果；对生产企业而言，更关心部品部件的制作尺寸，通过部品部件的基准面确定的标志尺寸及其节点接口尺寸来确定制造尺寸，且必须保证制造尺寸符合基本公差的要求，以保证部品部件之间的安装协调；对建设方和使用方而言，则关注部品部件的实际尺寸和安装完成的效果。

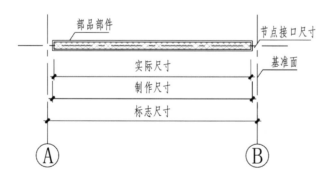

图 4-2 部品部件的尺寸

模块是复杂产品的高级形式，无论是组合式的单元模块还是结构模块，都贯穿一个基本原则，就是以标准化模块形成多样化的系列组合，即用形式和尺寸数目较少、经济合理的标准化单元模块，构成大量具有各种不同性能、复杂的系列组合。对于装配式建筑而言，根据功能空间的不同，可以将建筑划分为不同的建筑单元，再将相同属性的建筑单元按照一定的逻辑组合在一起，形成建筑模块。单个模块或多个模块经过再组合，就构成了完整的建筑。装配式建筑应采用模块和模块组合的设计方法，将标准化与多样化两者巧妙结合并协调设计，在实现标准化的同时，兼顾使用者的多样化和个性化需求。

模块可以分4个层级（图4-3），分别为部品部件模块、功能模块、单元模块、标准模块。

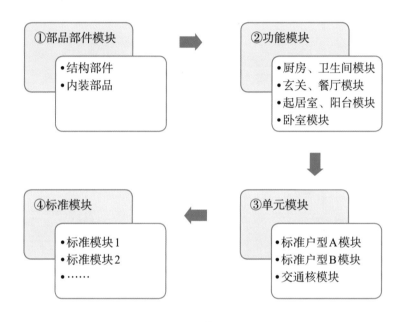

图4-3　模块层级关系

模块层级切分及协同设计，可促进建筑结构、部品部件、机电设备、装饰装修的一体化集成设计，有利于建筑主体结构、建筑内装修以及部品部件等相互间的尺寸协调，使部品具有通用性和互换性，便于后期维护和更换，同时实现建筑的模数化与模块化，最大程度实现标准化，遵循少规格、多组合的设计原则。

在进行功能模块的建筑及内装设计时，其空间尺寸需与部品模块、家具尺寸相协调，同时考虑部品、设备管线安装和敷设的尺寸；部品模块主要包含橱柜、厨房设备、卫生间洁具、洗漱柜、淋浴屏、墙面、吊顶、卧室、起居室整体收纳等。设计师宜结合《住宅装配化装修主要部品部件尺寸指南》（中华人民共和国住房和城乡建设部公告〔2021〕第156号），选用标准化、系列化的部品模块，进行模数化与模数协调设计（表4-1）。

表 4-1　典型部品部件模块尺寸

模块名称	模块示意图	模块名称	模块示意图
厨房地柜		厨房吊柜	
厨房燃气灶		厨房洗菜盆	
洗漱柜		镜柜	

模块名称	模块示意图	模块名称	模块示意图
淋浴屏	瓷砖完成面最小尺寸 L=1250 开门空间685 720 800 80 1250 2000 1250	坐便器	（智能坐便器） （连体坐便器）

以居住建筑为例，功能模块主要分为卫生间、厨房、卧室、起居室、门厅、餐厅等。功能模块在选用标准化、系列化的部品模块基础上，结合建筑外围护系统及空间布局的要求，并适当考虑建筑门垛尺寸等要求，根据户型产品特点及业主要求，设计合理的模数化及模块化功能模块，并将其组合成单元模块，不同的单元模块采用少规格、多组合的设计原则，结合核心筒交通模块，组合成标准层模块，最终形成楼栋模块组合完成体（表4-2、图4-4）。

表 4-2　典型功能模块尺寸

功能模块名称	模块尺寸示意图
"一"字形卫生间模块（紧凑型）	30 800 70 600 30 1600 30 700 740 800 30 2300 1250 1600 290 30

功能模块名称	模块尺寸示意图
"一"字形卫生间模块（干湿分离型）	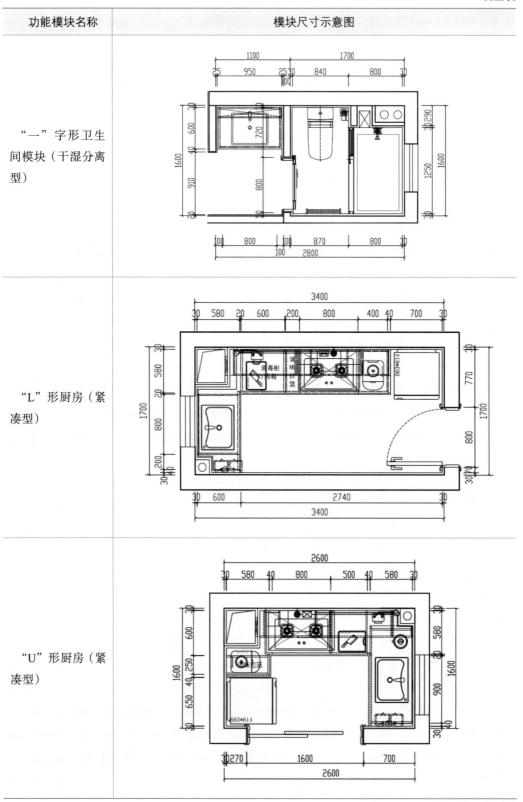
"L"形厨房（紧凑型）	
"U"形厨房（紧凑型）	

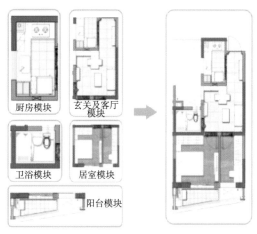

②功能模块→③单元模块

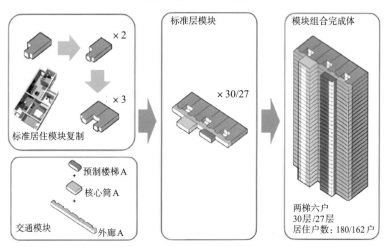

③单元模块→④标准模块→⑤模块组合完成体

图4-4 住宅模块组合

4.3 平面设计

4.3.1 平面的规整性

装配式建筑的平面应规整，设计时应合理控制楼栋的体形。平面设计的规则性有利于结构的安全，符合建筑抗震设计规范的要求，还可以减少部品部件的类型，降低构件生产、吊装的难度。因此，在平面设计时应贯穿装配式建筑设计理念并考虑结构的安全性、经济性，尽量减少平面的凹凸变化，避免不必要的不规则和不均匀布局。合理规整的平面会使建筑外表面积得到有效控制，也可以有效减少能耗，有利于实现建筑节能减排、绿色环保的要求。

4.3.2　空间的可变性

大开间、大进深的布置方式可以提高空间的灵活性与可变性，满足功能空间的多样化使用需求，有利于减少部品部件的种类，提高生产和吊装效率，降低项目造价。以居住建筑为例，传统建造方式的住宅多为剪力墙结构，其承重墙体系严重限制了居住空间的尺寸和布局，不能满足使用功能的变化和对居住建筑品质的更高要求。可采用框架—剪力墙结构或将大部分剪力墙布置在外墙部位来实现大开间、大进深的建筑空间布置，满足居住建筑空间的可变性、适应性要求。

4.3.3　功能模块组合

平面标准化是装配式建筑的一大重要特点。平面标准化设计是对标准化模块的多样化系列组合设计，即通过平面划分，形成若干独立的、相互联系的标准化模块单元（简称标准模块），然后将标准模块组合成各种各样的建筑平面。平面标准化设计将标准化与多样化两者巧妙结合并协调设计，在实现标准化的同时，兼顾多样化和个性化。某保障房项目标准模块组合平面设计参见图4-5。

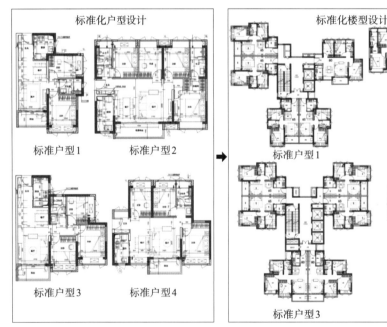
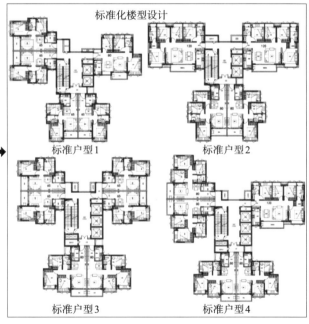

图4-5　某保障房项目标准模块组合平面设计

4.4　立面设计

装配式建筑立面标准化建立在平面标准化基础之上，是建筑外围护系统中的重要组成要素，主要涉及外墙板、门窗构件、阳台和空调板等。装配式建筑立面设计很好地体现了标准化和多样化的对立统一关系，既不能离开标准化谈多样化，也不能片面追求多样化而忽视标准化。装配式建筑的平面限定了结构体系，也相应固化了外墙的几何尺寸，但立面要素的色彩、光影、质感、纹理搭配、组合依然能够产生多样化的立面形式。

4.4.1　外墙板

装配式建筑预制外墙板的饰面可选用装饰混凝土、清水混凝土、涂料、面砖、石材等具有耐久性和耐候性的建筑材料。预制外墙板的拼缝需结合建筑外立面的风格，综合考虑饰面颜色与材料质感等细部设计进行排列组合，实现装配式建筑特有的形体简洁、工艺精致、具有工业化属性的立面效果，拼缝部位需重点考虑防水、防火的要求（图4-6、图4-7）。同时，进行外立面设计时，还需要考虑立面造型对预制构件生产及安装的影响（表4-3）。

图4-6　典型预制外墙立面图

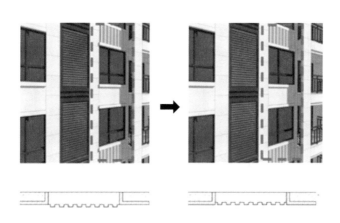

窗周线条凸出外墙基准面　　　　　　窗周线条凹于外墙基准面

图4-7　预制外墙优化图

表4-3　凹凸造型对预制构件生产的影响

	立面凸线条（优化前）	立面凹线条（优化后）
模板	需另配备架空垫高模具	底模上单独安装条模
模具用量	模具用量增加明显	增加少量造型条装模具
生产效率	模具拆装费工费时	几乎不影响生产效率

4.4.2　门窗构件

考虑构件生产加工的可能性，根据装配式建筑的建造特点，门窗在满足正常通风采光的基础上，应减少其类型，统一尺寸规格，形成标准化门窗构件，并对标准化的门窗构件进行组合设计，形成丰富多样的立面效果（图4-8）。同时，适度调节门窗位置和饰面色彩等，结合不同的排列方式与窗框分格样式，可增强门窗维护系统的韵律感，丰富立面效果。

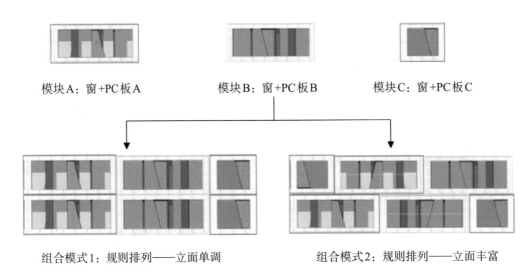

模块A：窗+PC板A　　　模块B：窗+PC板B　　　模块C：窗+PC板C

组合模式1：规则排列——立面单调　　　组合模式2：规则排列——立面丰富

图4-8　门窗构件组合设计

4.4.3　阳台和空调板

阳台和空调板等室外构件在满足建筑功能的情况下，有较大立面设计自由度，可通过标准化的阳台、空调板进行组合设计，并通过装饰构件的色彩、肌理、光影、组合等虚实变化，实现多元化的立面效果，满足差异化的建筑风格要求和个性化需求。同时，空调板、阳台栏板的材质也需要选择具有耐久性和耐候性的材料。

4.5　建筑BIM设计

建筑BIM设计人员根据装配式建筑的设计思想——标准化、模块化、部品化、系统集成化，进行BIM正向设计，搭建方案BIM模型。通过对方案总体分析、装配式建筑分析，进行预制构件分解设计，搭建装配式建筑BIM模型，编制装配式建筑方案专篇，完成设计总说明。

根据建筑、结构等全专业的设计需求，进行装配式建筑一体化设计，通过专业协同完成装配式建筑专家评审等。基于BIM模型，完成装配式建筑的建筑平面图、立面图、剖面图、结构布置图等设计，优化主要部品。通过BIM标准化构件，完成设计优化，基于少规格、多组合的原则，完善装配式建筑BIM模型，同时结合机电管线BIM模型，直观分析不同方案的优缺点，比如施工难易程度、标准化程度及成本高低等。同样，可以利用模型，分析装配式建筑方案对建筑房间功能、建筑平面立面、建筑结构布置等的影响。装配式建筑设计BIM模型，包括下列模型单元或其组合（图4-9至图4-14）。

（1）BIM平面设计

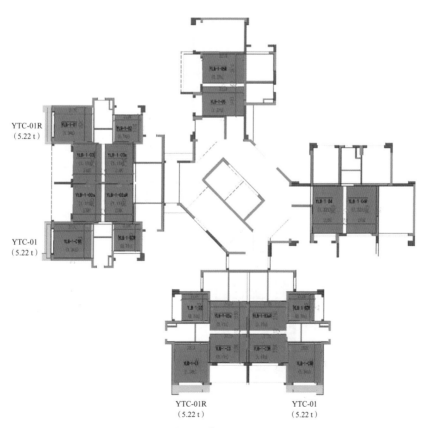

图4-9　装配式建筑设计BIM模型平面布置示意图

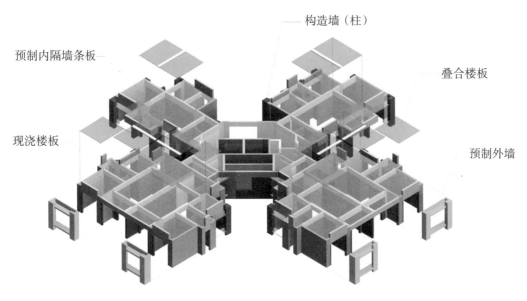

预制内隔墙条板

构造墙（柱）

叠合楼板

现浇楼板

预制外墙

图 4-10　装配式建筑设计 BIM 模型三维示意图

（2）BIM 立面设计

图 4-11　装配式建筑设计 BIM 模型立面示意图

（3）预制构件布置示意

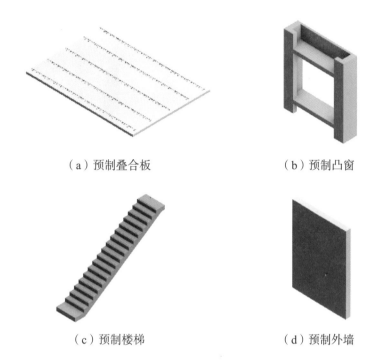

（a）预制叠合板　　　　　（b）预制凸窗

（c）预制楼梯　　　　　　（d）预制外墙

图4-12　预制构件BIM模型

（4）户型BIM模型（可直观展示预制构件在户型内的分布情况）

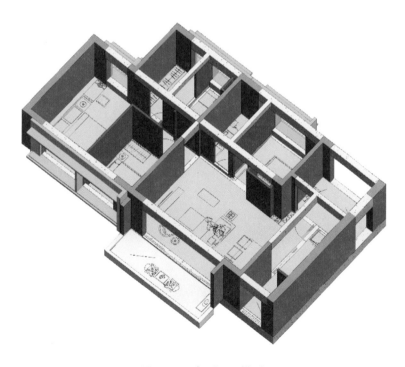

图4-13　户型BIM模型

（5）预制构件节点模型（通过BIM生成预制构件与主体结构的连接节点，从而指导下阶段的深化设计）

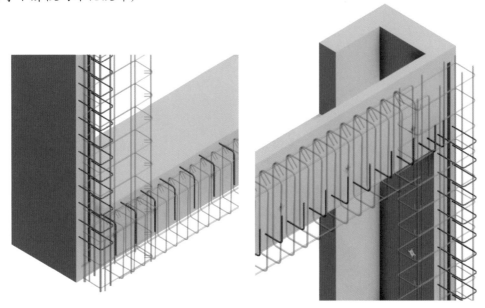

图4-14　预制构件节点模型

5

结构系统设计

5.1 设计基本方法

安全性能是结构系统需要考虑的第一大性能。建立与结构系统相匹配的设计方法，提出与结构体系相适宜的性能目标和技术要求，结构计算模型应与结构整体、部件及其连接的实际受力特征相符合。结构基本设计方法包括结构的整体分析方法、结构分析模型、预制构件及其连接的承载力计算、构造要求等。目前主要的预制构件连接节点均采用和现浇结构性能接近的连接方式，此时可参照现浇混凝土结构的力学模型对其进行结构分析。

结构系统作为建筑骨架，除保证其安全外，与建筑空间的布局、各类填充部品部件（外围护、设备与管线、内装系统）都具有一定的关联性，因此结构布置应与建筑功能空间相互协调，满足建筑功能空间组合的灵活可变性要求。预制部件应与外围护、内装、设备与管线系统的部品部件之间相协调。

设计装配式混凝土建筑结构时，需要预先考虑预制构件的类型、平面布置及其连接方式，并根据装配式建筑目标，对结构布置进行优化，在标准化设计基础上合理选择预制竖向构件的类型及位置，确定水平构件的布置范围，同时还需考虑预制构件生产、运输及吊装的可行性与便利性。预制构件与现浇主体的连接方式对建筑平面的开窗大小、形式均有影响，为了避免后期深化设计时窗洞口无法实现的情况出现，在设计时需要预先与建筑专业人员沟通，确定最小墙垛宽度、厚度，以确定窗洞口最大宽度，核实建筑采光、通风量是否满足规范标准，以及在节点构造是否有可能实现等。同时BIM专业人员可根据建筑、结构等全专业的设计需求，进行装配式一体化设计，包括专业协同、全专业信息模型制作等。

5.2 结构体系选型

装配式混凝土建筑在平面形状和竖向构件布置方面的要求均严于现浇混凝土结构的建筑。规则的平面设计更有利于结构安全性和抗震性，并可减少预制构件的类型，降低构件生产难度及成本。装配整体式剪力墙结构应尽量减少平面的凹凸变化，避免不必要的不规则和不均匀布局，剪力墙布置宜简单、规则，自下而上宜连续布置，避免层间侧向刚度突变，门窗洞口宜上下对齐、成列布置，门窗洞口的平面位置和尺寸应满足结构受力及预制构件的设计要求。

装配整体式结构体系主要分为装配整体式框架结构、装配整体式框架—现浇剪力墙结构、装配整体式框架—现浇核心筒结构、装配整体式剪力墙结构、装配整体式部分框支剪力墙结构，按照《装配式混凝土建筑技术标准》（GB/T 51231—2016），其房屋最大适用高度应满足表5-1的要求。

表 5-1　装配整体式结构房屋的最大适用高度　　　　　　　　单位：m

结构类型	抗震设防烈度			
	6度	7度	8度（0.2g）	8度（0.3g）
装配整体式框架结构	60	50	40	30
装配整体式框架—现浇剪力墙结构	130	120	100	80
装配整体式框架—现浇核心筒结构	150	130	100	90
装配整体式剪力墙结构	130（120）	110（100）	90（80）	70（60）
装配整体式部分框支剪力墙结构	110（100）	90（80）	70（60）	40（30）

注：房屋高度指室外地面到主要屋面的高度，不包括局部凸出屋面的部分。

5.2.1　装配整体式剪力墙结构体系

装配整体式剪力墙结构是目前我国应用最为广泛的高层装配式混凝土建筑结构体系，其外墙通常采用预制夹芯保温剪力墙或预制实心剪力墙，内墙采用预制实心剪力墙，楼板采用带桁架钢筋的叠合楼板。通过节点区域以及叠合楼板的后浇混凝土，将整个结构连接成为具有良好整体性、稳定性和抗震性能的结构体系。

5.2.2　装配整体式框架结构体系

装配整体式框架结构已在我国得到越来越广泛的应用。目前大多数已建成的装配整体式框架结构中，竖向承重构件采用预制柱，水平构件采用叠合梁、叠合楼板。通过梁柱节点区域及叠合楼板的后浇混凝土，将整个结构连接成为具有良好整体性、稳定性和抗震性能的结构体系。今后，随着我国装配式建筑的各种技术和配套设备的发展以及大跨度框架结构需求的增加，大跨度预应力水平构件也将会得到良好的推广应用。

装配整体式框架—现浇剪力墙结构、装配整体式框架—现浇核心筒结构、装配整体式部分框支剪力墙结构因主体结构形式不同，结构体系有所不同，此处不作赘述。

除选择合适的结构类型外，预制构件的平面布置还需结合项目所在地政府主管部门要求执行的评分规则，确定主体结构工程技术得分策略及其他技术项得分策略。

5.3 预制构件设计

5.3.1 预制构件类型

预制构件及其连接节点是装配式建筑结构系统的两大基本要素，装配式建筑应建立结构构件系统，且构件系统应遵循通用化和标准化的原则，住宅类建筑建议参考住房和城乡建设部颁布的《装配式混凝土结构住宅主要构件尺寸指南》中的预制构件基本尺寸。在功能空间模块及其组合的基础上，形成标准化、系列化的结构构件及其连接节点做法，并应充分考虑构件生产、运输、施工安装的可行性、便捷性。预制混凝土构件宜采用高性能混凝土、高强钢筋，提倡预应力技术。在运输、吊装能力范围内的构件规格宜大型化，以减少构件种类，减少连接钢筋数量，同时方便生产、安装。混凝土构件宜采用成型钢筋，可以实现机械化批量加工，提高生产效率，降低钢筋损耗。

目前主要的混凝土预制构件类型见表5-2。

表 5-2 混凝土预制构件主要类型

预制混凝土构件	竖向构件	预制柱、支撑、预制剪力墙、预制凸窗、预制延性墙板、预制非承重外墙板、预制外墙栏板等
	水平构件	预制叠合梁、预制叠合板、预制楼梯、预制阳台板、预制沉箱、预制空调板等

预制构件设计时，应符合现行国家和地方标准，包括且不限于《混凝土结构设计标准》（GB/T 50010—2010）、《建筑抗震设计标准》（GB/T 50011—2010）、《装配式混凝土建筑技术标准》（GB/T 51231—2016）、《装配式混凝土结构技术规程》（JGJ1—2014）、《钢筋桁架混凝土叠合板应用技术规程》（T/CECS 715—2020）、《装配式混凝土建筑深化设计技术规程》（DBJ/T 15-155—2019）等相关规范标准。

5.3.2 预制楼盖设计要点

当前预制楼盖类型较多，部分地区对预制构件的界定尺度存在差别，其主要类型有预制叠合板、预应力双T板、预应力空心板、预应力带肋底板、钢管桁架预应力混凝土叠合板等，其特点及适用场景见表5-3。

表 5-3　预制楼盖类型及特点

类型	特点	适用场景
预制叠合板	普遍采用的预制板类构件，采用后浇带式整体接缝时需局部支模；采用密拼式接缝时无需支模，但仍需设支撑	适用于非抗震设计及抗震设防烈度6~8度的地区，具有标准化特征的居住类建筑及公共建筑
预应力双T板	为先张法构件，一般采用长线台座及胎模生产，无横肋，纵向肋梁高度及翼板宽度均较大，可实现免支撑施工	适用于非抗震设计及抗震设防烈度不大于8度的地区，主要应用于较大跨度的厂房及公共建筑
预应力空心板	采用预应力混凝土，空心样式多采用挤压或浇筑成型，可实现免支撑施工	适用于非抗震设计及抗震设防烈度不大于8度的地区，主要应用于较大跨度的公共建筑
预应力带肋底板	采用先张法预应力，肋提供刚度，可实现免支撑施工	主要适用于免支撑的施工环境，相较于预制叠合板有较好的整体刚度，主要应用于较大跨度的厂房及公共建筑
钢管桁架预应力混凝土叠合板	采用预应力，钢管桁架提供刚度，可实现免支撑施工	主要适用于免支撑的施工环境，相较于预制叠合板有较好的整体刚度，主要应用于较大跨度的厂房及公共建筑

　　高层装配整体式混凝土结构中，结构转换层和作为上部结构嵌固部位的楼层宜采用现浇楼盖；屋面层和平面受力复杂的楼层宜采用现浇楼盖，当屋面层采用叠合楼盖时，楼板的后浇层厚度不应小于100 mm，且后浇层应采用双向通长钢筋，同时叠合板应选取平面尺寸规则、传力路径清晰的楼盖部位。

　　叠合板的预制板厚度不宜小于60 mm，且不应小于50 mm；后浇混凝土叠合层的厚度不应小于60 mm。叠合板板边宜进入梁、墙10 mm，以防止叠合板现浇层浇筑时发生漏浆。出筋形式一般分为四边出筋、四边不出筋、两侧出筋三种，叠合板与叠合板之间一般采用后浇带式整体接缝或密拼式连接，可根据预制板接缝构造、支座构造、长宽比，按单向板或双向板进行设计。当叠合板之间采用分离式接缝时，宜按单向板设计。对长宽比不大于3的四边支承叠合板，当其叠合板之间采用整体式接缝或者无接缝时，可按

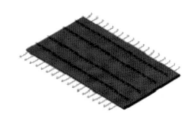

图 5-1　预制叠合板三维示意图

双向板设计。双向叠合板板侧的整体式接缝宜设置在叠合板的次要受力方向且宜避开最大弯矩界面。典型预制叠合板三维示意图见图5-1，典型预制叠合板典型连接节点示意图见表5-4。

表5-4　叠合板典型连接节点示意图

叠合板与支座连接节点示意	边梁支座（一）　　中间梁支座（一） 边梁支座（二）　　中间梁支座（二）
叠合板间接缝连接节点示意	后浇带形式接缝（一） 密拼式分离接缝 密拼式整体接缝

5.3.3 预制叠合梁设计要点

装配整体式框架梁柱节点核心区抗震受剪承载力验算和构造应符合现行国家和地方标准的有关规定。叠合梁端竖向接缝受剪承载力设计值应符合现行行业标准的有关规定。

叠合梁与后浇混凝土叠合层之间的结合面应设置粗糙面；叠合梁端面应设置抗剪槽且宜设置粗糙面，键槽的尺寸和数量应符合相关规程要求并经计算确定。叠合梁抗震等级如为一、二级，梁端箍筋加密区宜采用整体封闭箍筋；当叠合梁受扭时宜采用整体封闭箍筋，且整体封闭箍筋的搭接部分宜设置在预制部分。典型预制叠合梁三维示意图见图5-2。

叠合主梁与叠合次梁之间通常采用预留后浇槽口、预留后浇段、主梁预设钢牛腿、主梁设置牛担板等形式进行连接，详见表5-5。

图5-2 预制叠合梁三维示意图

表5-5 叠合梁典型连接节点示意

连接部位	连接形式	节点做法
主次梁相交	预制叠合主梁预留后浇槽口	主梁预留后浇槽口 1-1
主次梁相交	预制叠合次梁预留后浇段	次梁端设后浇段（一） 1-1

连接部位	连接形式	节点做法
主次梁相交	预制叠合主梁预留钢牛腿或者挑耳	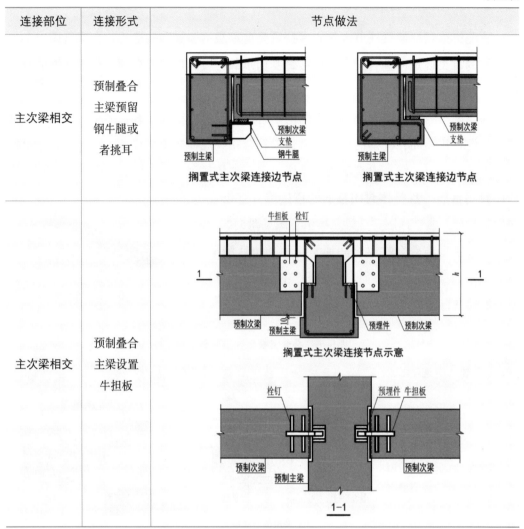
主次梁相交	预制叠合主梁设置牛担板	

5.3.4 预制楼梯设计要点

预制楼梯应尽量应用在层高一致的标准层中，尽量满足标准化程度较高的要求，预制楼梯与支承构件之间宜采用简支连接，上端宜采用固定铰支座，牛腿钢筋伸入预制楼梯预留孔洞中并用灌浆料填实固定，下端采用滑动支座，牛腿钢筋伸入预制楼梯预留孔洞内并采用螺栓拧紧固定，其转动及滑动变形能力应满足结构层间位移的要求，螺栓上方采用砂浆封堵；预制楼梯梯段侧面进行封堵，以达到防火要求，预制楼梯三维示意图见图5-3，其典型连接节点见表5-6。

图5-3 预制楼梯三维示意图

表5-6 预制楼梯典型连接节点示意

预制楼梯上部固定铰支座连接节点	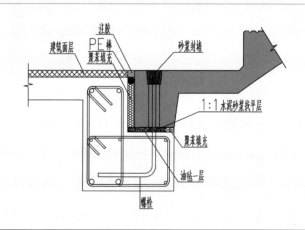
预制楼梯下部滑动支座连接节点	

5.3.5 预制柱设计要点

预制柱主要采用整体预制式，连接形式目前主要采用套筒灌浆连接或浆锚搭接，其设计应满足现行国家和地方标准。矩形柱截面边长不宜小于400 mm，圆柱截面柱直径不宜小于450 mm；柱纵向受力钢筋在柱底连接时，柱箍筋加密区长度不应小于纵向受力钢筋连接区域长度与500 mm之和；当采用套筒灌浆连接或浆锚搭接等方式时，套筒或搭接段上端第一道箍筋距离套筒或搭接段顶部不应大于50 mm；柱纵向受力钢筋直径不宜小于20 mm，纵向受力钢筋的间距不宜大于200 mm且不应大于400 mm。预制柱三维示意图见图5-4。

预制柱上下连接采用灌浆套筒连接形式，预制柱与叠合梁连接一般采用预留后浇段的形式，详见表5-7。

图5-4 预制柱三维示意图

表5-7　预制柱典型连接节点示意

预制柱上下连接节点	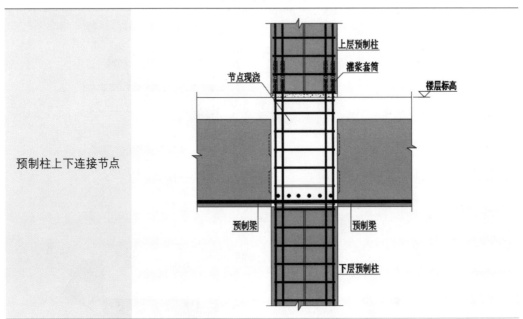

5.3.6　预制剪力墙设计要点

预制剪力墙梁墙节点核心区抗震受剪承载力验算和构造，应符合现行国家和地方标准的有关规定，同时预制剪力墙接缝受剪承载力设计值应符合现行业标准的有关规定。

预制剪力墙是指由实心预制混凝土构件通过可靠方式连接并与现场后浇混凝土、水泥基灌浆料形成整体的装配式混凝土剪力墙，主要采用预制墙身段的形式。

预制剪力墙尽量选择墙身段预制，边缘构件现浇，可使施工方便，连接便利，且宜为一字墙预制，一般墙长不超6 m，重量不宜超过4.5 t，也可采用L形、T形或U形；预制剪力墙的顶部和底部与后浇混凝土的结合面应设置粗糙面；侧面与后浇混凝土的结合面应设置粗糙面，也可设置键槽；如有开洞，开洞周边墙肢宽度不宜小于200 mm，洞口梁高不宜小于250 mm，采用套筒灌浆连接时，预制墙的分布筋在自套筒底至顶部向上延伸300 mm的范围内应加密。预制剪力墙三维示意图见图5-5，其典型连接节点见表5-8。

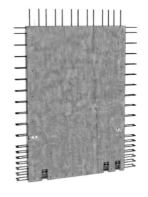

图5-5　预制剪力墙三维示意图

表5-8　预制剪力墙典型连接节点示意

预制墙约束边缘构件水平接缝连接节点	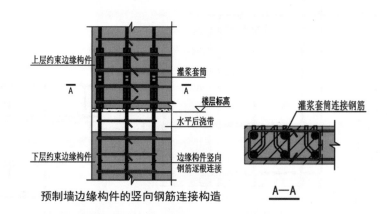
预制墙墙身段水平接缝连接节点	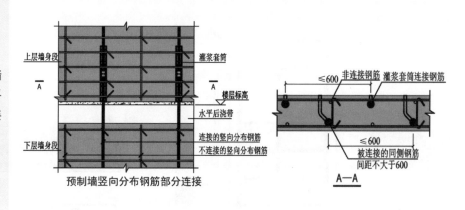
预制墙与预制墙竖向接缝连接节点	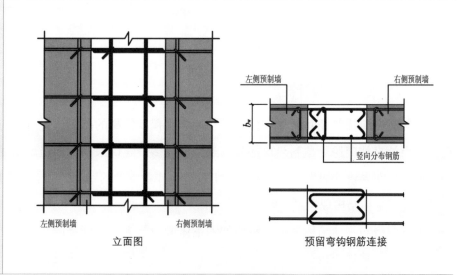

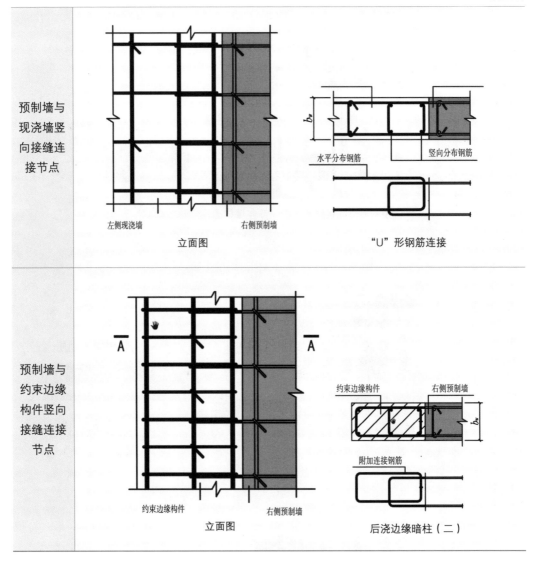

| 预制墙与现浇墙竖向接缝连接节点 | | |
| 预制墙与约束边缘构件竖向接缝连接节点 | | |

5.3.7　预制凸窗设计要点

预制凸窗应选取开间尺寸、窗洞尺寸标准化程度较高的凸窗位置进行应用，同时在方案设计之初应避免预制凸窗部分线条造型过多，建议采用凹面造型，尽量避免凸面造型较多而导致后期生产、运输及施工过程中作业难度的增加，预制凸窗应按照顶、底部悬挂于主体结构现浇梁外侧来设计。

上下飘板与主体结构固接，钢筋伸入主体梁内与之一起现浇固定；侧立柱设置构造钢筋伸入主体墙或构造墙内与主体结构现浇。上下层凸窗之间设置PE棒及MS密封胶，预制凸窗与主体结构相接处应设置水洗面，当凸窗位于设计高度45 m及以上时，应设置防雷接地，以满足防雷要求，同时为提高现场施工效率，建议预制凸窗采用预埋主（副）框的形式。预制凸窗三维示意图见图5-6，其连接节点见表5-9。

图5-6　预制凸窗三维示意图

表5-9　预制凸窗典型连接节点示意

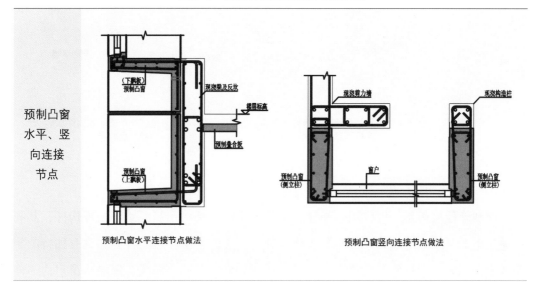

| 预制凸窗水平、竖向连接节点 | 预制凸窗水平连接节点做法 | 预制凸窗竖向连接节点做法 |

5.3.8　预制非承重外墙板设计要点

预制非承重外墙板应选取开间尺寸、窗洞尺寸标准化程度较高的外墙位置进行应用，预制非承重外墙板一般采用下挂的形式与主体结构进行连接。其上部钢筋伸入主体结构梁内并与之一起现浇固定；预制外墙底部设置企口或平口与主体结构脱开，同时又起到防水的作用，预制非承重外墙水平方向设置构造钢筋与主体结构墙相连，中间设置20 mm厚泡沫板。预制非承重外墙板三维示意图见图5-7，预制非承重外墙典型连接节点见表5-10。

图5-7　预制非承重外墙板三维示意图

表5-10 预制非承重外墙板典型连接节点示意

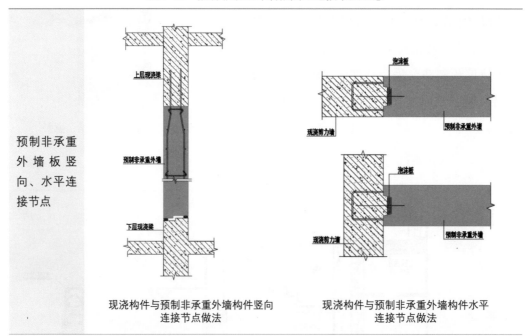

预制非承重外墙板竖向、水平连接节点

现浇构件与预制非承重外墙构件竖向连接节点做法　　　现浇构件与预制非承重外墙构件水平连接节点做法

5.3.9 预制外挂墙板设计要点

预制外挂墙板是一种应用在外挂墙板系统中的非结构预制混凝土墙板构件，其利用混凝土的可塑性特点，能够充分表达设计师的意愿，使得建筑外立面具有独特的装饰效果，同时可根据建筑功能需要，设计成集外立面装饰、面层、保温、窗户为一体的预制外墙，该墙板对设计、加工、安装等要求较高，因此成本较高。

预制外挂墙板的设计使用年限宜与主体结构相同，在地震作用下，当遭遇低于本地区抗震设防烈度的多遇地震时，外挂墙板应不受损坏或不需修理便可继续使用；当遭受相当于本地区抗震设防烈度的设防地震作用时，节点连接应不受损坏，外挂墙板如发生损坏，需满足在经一般性维修后仍可继续使用；当遭受高于本地区抗震设防烈度的罕遇地震作用时，外挂墙板不应脱落。在自重、风荷载和温度作用下，外挂墙板、节点连接、接缝密封胶等不应受损。在风荷载和地震作用下，外挂墙板应具有相应的适应主体结构变形的能力，同时，预制外挂墙板还应满足气密性、水密性、隔声、防火、热工等专业的性能要求。

预制外挂墙板的支承连接方式主要分为点支承连接及线支承连接，点支承连接是一种典型的柔性连接节点，为干式连接做法，能通过节点的变形使得外挂墙板具备适应主体结构变形的能力；线支承连接为湿式连接做法，在预制外挂墙板顶部与梁时，采用钢筋锚入及混凝土浇筑的形式进行连接，底部设置不少于2个仅对预制外挂墙板有

平面外约束的连接节点，墙板的侧边与主体
结构不连接或设置柔性连接。预制外挂墙板
示意图见图5-8，其预制外挂墙板典型连接
节点见表5-11。

图5-8 预制外挂墙板三维示意图

表5-11 预制外挂墙板典型连接节点示意

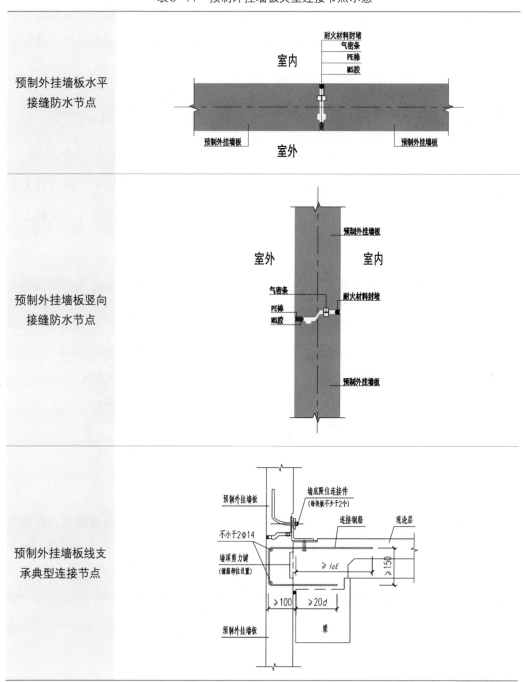

预制外挂墙板水平接缝防水节点	
预制外挂墙板竖向接缝防水节点	
预制外挂墙板线支承典型连接节点	

5.3.10 预制构件短暂工况作用及作用组合

预制构件的作用及作用组合应根据现行国家和地方标准进行设计。预制构件在翻转、运输、吊运、安装等短暂设计状况下的施工验算，应将构件自重标准值乘以动力系数后作为等效静力荷载标准值。构件在运输、吊运时，动力系数宜取1.5；构件在翻转及安装过程中就位、临时固定时，动力系数可取1.2。

预制构件在进行脱模验算时，等效静力荷载标准值应取构件自重标准值乘以动力系数后与脱模吸附力之和，且不宜小于构件自重标准值的1.5倍。动力系数与脱模吸附力应符合下列规定：

①动力系数不宜小于1.2。

②脱模吸附力应根据构件和模具的实际状况取用，且不宜小于1.5 kN/m²。

5.3.11 预制构件生产、施工设计要点

预制混凝土构件应采用标准化设计、工厂化生产、装配式建筑施工，故设计人员还需了解预制构件的生产工艺及施工安装技术，在设计阶段考虑构件生产及安装方面的因素（表5-12）。

表5-12 生产、运输、施工各因素对预制构件的影响

阶段	生产、运输	施工
考虑因素	1. 预制构件脱模时混凝土强度要求； 2. 预制构件粗糙面的成型工艺； 3. 预制构件标识系统； 4. 预制构件运输道路相关要求	1. 预制构件施工预留预埋相关要求； 2. 预制构件与现浇构件交界面处理办法； 3. 预制构件临时固定措施； 4. 预制构件安装顺序

5.4 结构BIM设计

根据建筑设计方案，通过详细的计算和设计，完善装配式建筑BIM模型。在全专业BIM协同基础上，应用BIM进行结构设计。通过结构BIM模型，进行协调完善预制构件的各项内容。

装配式建筑设计结构BIM模型，包括下列模型单元或其组合。

（1）各楼层及屋面结构模型（图5-9）

图5-9　装配式建筑BIM模型

（2）预制构件及钢筋模型（图5-10）

图5-10　预制构件BIM模型

（3）预制构件与主体典型连接节点（图5-11）

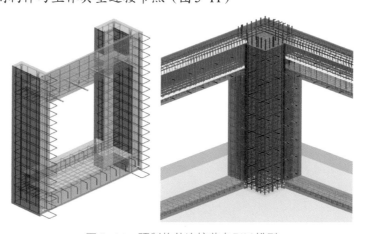

图5-11　预制构件连接节点BIM模型

（4）问题检查报告

基于项目BIM模型，对设计中存在的问题进行检查，并形成问题检查报告，BIM问题检查报告参见图5-12。

		设计成果外部审批表			编号： 版号：A/0		
		附表．评审表					
		记录编号：		设计成果内审号				
项目名称	XXXX项目XX地块	图纸名称	20230220图纸	参与 评审人 员			
设计单位	XXXX有限公司	评审时间	20230225				
问题图纸 编号	问题描述			问题 解决时 间	问题 解决方式	责任 人	验证	验证 人
幼儿园	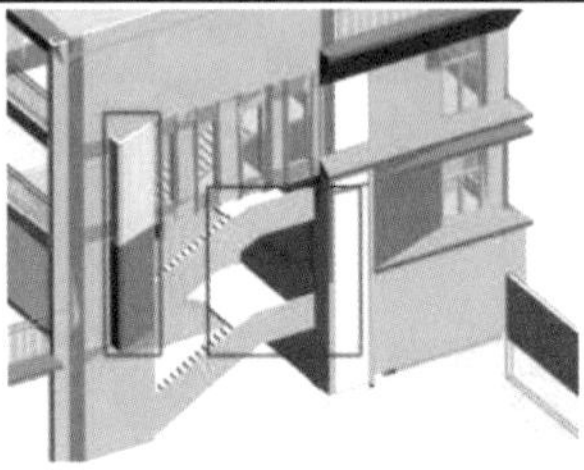 1. 02地块幼儿园1H-G/18轴处，楼梯扶手与外立面造型每层存在不一致性。整体看起来比较零散（涉及专业：建筑，结构）						

图5-12　BIM问题检查报告

6

外围护结构系统设计

设计人员应协调外围护系统与建筑空间布局、建筑外立面、内装系统、设备系统与管线系统之间的关系，保证整体建筑的性能要求。外围护系统应具备在自重、风荷载、地震作用、温度作用、偶然荷载等各种情况下保证安全的能力，并根据抗风、抗震性能、耐撞击性能等要求合理选择组成材料、生产工艺和外围护系统部品内部构造。

装配式建筑的外围护系统设计应符合标准化与模数协调的要求，在遵循模数化、标准化原则的基础上，坚持少规格、多组合的要求，实现立面形式的多样化。立面设计要合理选择在水平和竖直两个方向上的基本模数和组合模数，同时兼顾外围护墙板等构件的单元尺寸。

6.1 系统的分类

外墙系统应根据不同的建筑类型及结构形式选择适宜的系统类型；外墙系统按照形式可分为外挂式、内嵌式、嵌挂结合等形式；按照部品类型可分为预制混凝土外墙系统、轻质混凝土墙板系统、骨架外墙板系统及建筑幕墙系统等，其分类见表6-1。

外墙系统材料选择时应充分尊重方案设计的立面效果，考虑性能、安全、造价、施工难度，同时考虑地区温度的差异、材料的性能和稳定性、材料对建筑外观的作用等问题，合理选用部品体系配套成熟的外挂墙板系统、轻质墙板系统或集成墙板等部品，优先考虑使用性能优良、轻质、方便施工和装配的部品。

表6-1 外围护系统分类

系统名称	类型
预制混凝土外墙系统	预制夹芯保温混凝土墙板
	预制实心混凝土墙板
轻质混凝土墙板系统	蒸压加气混凝土板
骨架外墙板系统	金属骨架组合外墙体系
	木骨架组合外墙体系
建筑幕墙系统	玻璃幕墙
	金属板幕墙
	石材幕墙
	人造板材幕墙

6.2 性能要求

6.2.1 物理性能

围护系统的接缝设计应结合变形需求、水密气密等性能要求，达到构造合理、方便施工、便于维护的目的。水密性能包括外围护系统中基层板的不透水性，以及基层板、外墙板或屋面板接缝处的止水、排水性能。气密性主要为基层板、外墙板或屋面板接缝处的空气渗透性能。外墙围护系统接缝应结合建筑当地气候条件进行防排水设计。外墙围护系统应采用材料防水和构造防水相结合的防水构造，并应设置合理的排水构造。外围护系统的隔声性能设计应根据建筑物的使用功能和环境条件，并与外门窗的隔声性能设计结合进行。外围护系统应做好节能和保温隔热构造处理，在细部节点做法处理上应注意防止内部冷凝和热桥现象的出现。应结合不同地域的技能要求进行设计，供暖地区的外围护系统应采取防止形成热桥的构造措施。采用外保温的外围护系统在梁、板、柱、墙的连接处，应注意墙体保温的连续性，外门窗及玻璃幕墙的内表面温度应注意防结露。

6.2.2 耐久性能

居住建筑外围护系统主要部品的设计使用年限应与主体结构相同，不易更换部品的使用寿命应与主体结构相同。接缝密封材料应规定维护更新周期，维护更新周期应与其使用寿命相匹配。面板材料应根据设计维护周期的要求确定耐久性年限，饰面材料及其最小厚度应满足耐久性的基本要求。龙骨、主要支承结构及其与主体结构连接节点的耐久性要求，应高于面板材料。外围护系统应明确各组成部分、各配套部品的检修、保养及维护的技术方案。

6.3 性能设计

6.3.1 安全性设计

外围护系统节点的设计与施工，应首要保证其安全性能，确保其与结构系统的可靠连接，以及保温装饰等材料的有效固定，主要有以下要求：

①外围护系统与主体结构连接用节点连接件和预埋件的应采取可靠的防腐措施。

②所采用的黏结、固定材料需具有合理的耐久性，避免因老化脱落而造成安全隐患。

③幕墙系统中所用的结构胶、耐候胶等其他材料按规定同步进行使用前检测，且

应在幕墙构件安装之前进行。

④装配式混凝土建筑的外墙板采用面砖装饰时，宜采用反打成型工艺。反打成型工艺在工厂内完成，背面设有黏结后防止脱落的措施。

6.3.2 防火设计

外围护系统应满足建筑的耐火等级要求，遇火灾时在一定时间内能够保持承载力及其自身稳定性，防止火势穿透和沿墙蔓延，且应满足以下要求：

①外围护系统部品各组成材料的防火性能满足相应要求，其连接构造也应满足防火要求。

②外围护系统与主体结构之间的接缝应采用防火封堵材料进行封堵，防火封堵部位的耐火极限不应低于楼板的耐火极限要求。

③外围护系统部品之间的接缝应在室内侧采用防火封堵材料进行封堵，以防止串火。

④外门窗洞口周边应采取防火构造措施。

⑤外围护系统节点连接处的防火封堵措施不应降低节点连接件的承载力、耐久性，且不影响节点的变形能力。

6.3.3 保温设计

外墙的保温材料耐久性能不如主体材料，需得到良好的保护，或采取易维护、易更换的构造形式。推荐采用夹芯保温、内保温做法，温暖地区可采用外墙板自身保温。采用夹芯保温墙板时，内外叶墙板之间的拉结件宜选用强度高、抗腐蚀性好、耐久性强、导热系数低的金属合金连接件、FRP连接件等，同时满足持久、短暂、地震状况下承载能力达到极限状态的要求，避免连接形成冷桥，或连接件腐蚀造成墙体安全隐患。预制外墙板的板缝处，应保持墙体保温性能的连续性，在竖向后浇段，将预制构件外叶墙板延长段作为后浇混凝土的模板。

6.3.4 防水设计

预制外墙板的板缝处要做好防水节点构造设计，通过材料防水和构造防水设置两道防水措施，主要连接节点有T形、一字形。

普通预制外墙"以防为主"：预制外墙水平缝宜设置企口构造，采用材料防水，从外向内依次为建筑密封胶、背衬材料（PE棒或泡沫条）、空腔、背衬材料（PE棒或泡沫条）、砂浆封堵材料；竖向缝主要设置粗糙面，与现浇混凝土结合，形成连续的现浇混凝土立面层，阻挡雨水入侵，起到可靠的防水效果。

预制外挂墙板主要"以防为主，以导为辅，先防后排"：采用材料防水和结构防水相结合的原理，从外向内依次为建筑密封胶、背衬材料（PE棒或泡沫条）、空腔、气密条、耐火封堵材料。水平板缝中间的空腔通常做成高低缝、企口缝等形式，可有效避免雨水流入。不管采用普通预制外墙还是预制外挂墙板，防水构造对墙板安装精度要求均较高，但建筑密封胶的使用寿命有限，一般15～25年需要更换。预制外墙典型防水做法见表6-2。

表6-2 预制外墙典型防水做法

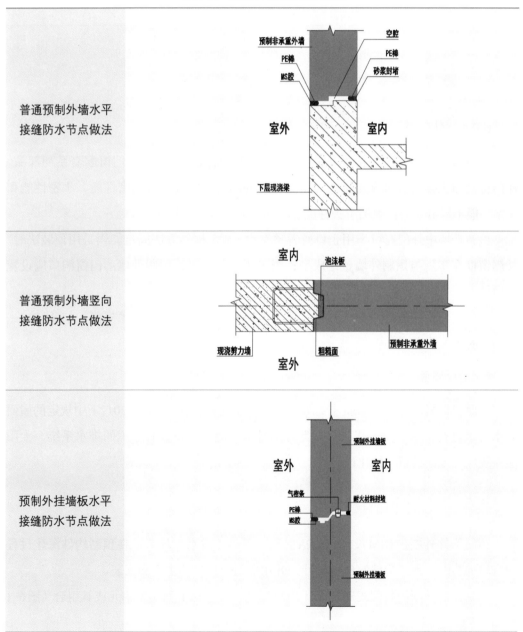

普通预制外墙水平接缝防水节点做法	
普通预制外墙竖向接缝防水节点做法	
预制外挂墙板水平接缝防水节点做法	

续上表

预制外挂墙板竖向接缝防水节点做法	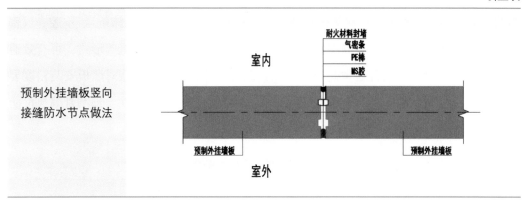

6.4 外门窗及屋面

6.4.1 外门窗

外门窗应采用在工厂标准化的系列部品和带有披水板等的外门窗配套系列部品。外门窗应与主体结构可靠连接，门窗洞口与外门窗框接缝处的气密性能、水密性能和保温性能不应低于外门窗的有关性能。

预制外墙中外门窗可采用企口或者预埋窗（副）框等方法固定。当采用预装法时，外门窗框在工厂与预制外墙整体成型；当采用后装法时，预制外墙的门窗洞口应设置预埋件。

铝合金门窗的设计应符合现行行业标准《铝合金门窗工程技术规范》（JGJ 214—2010）的相关规定。

6.4.2 屋面

屋面应根据现行国家标准《屋面工程技术规范》（GB 50345—2012）中规定的屋面防水等级进行防水设防，并应具有良好的排水功能，以设置有组织的排水系统，太阳能系统应与屋面进行一体化设计。

6.5 外围护BIM设计

预制构件外围护BIM设计，包括保温、隔热、防水等环节。在预制构件深化过程中宜增加装配式预制构件的BIM设计，并用于指导构件的生产和安装。

预制构件外围护装配式建筑设计BIM模型，应包括下列模型单元或其组合（图6-1至图6-3）。

（1）预制构件保温设计节点

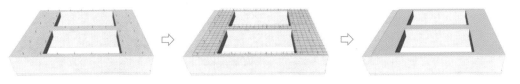

（a）PC上预留φ6钢筋　　（b）满挂钢丝网，与预留钢筋焊接　　（c）抹保温砂浆，表面用抗裂砂浆处理

图6-1　预制构件保温设计节点示意图

（2）预制构件防水节点

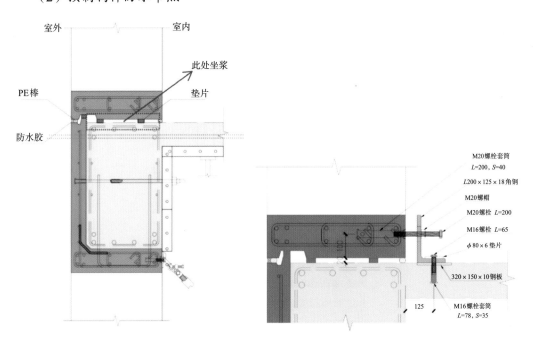

图6-2　预制构件防水节点示意图

（3）预制构件横缝防水节点

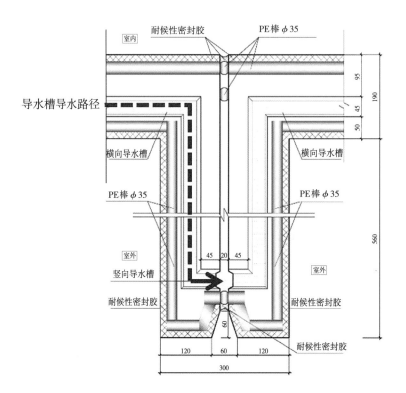

图6-3　预制构件横缝防水节点示意图

7

设备与管线系统设计

装配式混凝土建筑应按照全专业一体化设计思路，进行给排水、暖通及电气等各专业的设备与管线系统的设计，与建筑、结构及室内装修等专业统一协调，并考虑生产、施工安装及运维，做好相应的预留预埋设计，并采用BIM技术进行机电设备与管线的综合设计及碰撞检查。

7.1 设计原则

装配式混凝土建筑的设备与管线系统设计应协同其他设计专业进行一体化设计；尽量采用管线分离的形式；机电管线与点位如需预留预埋时，应考虑结构安全和施工便捷；机电接口及管线连接应进行标准化设计，便于安装及维修更换；采用BIM软件，进行机电设备与管线的综合设计（简称机电管综设计）及碰撞检查。

（1）一体化设计：装配式混凝土建筑设备与管线系统设计应与建筑、结构、装修等进行一体化设计，电气、给排水、暖通各机电点位提供精准定位，减少现场剔槽、开洞，避免错漏碰缺，保证机电安装和装修质量（图7-1）。

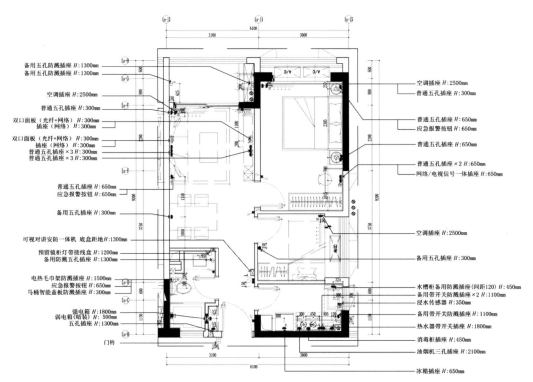

图7-1 户型机电布置图(与室内装修设计单位进行一体化设计，预留机电点位及接口)

（2）机电管综设计：装配式混凝土建筑的给排水、暖通及电气等设备与管线应进行综合设计，提高集成度、施工精度和效率。竖向管线应相对集中布置，在公用空间设置集中管井，横向管线宜避免交叉（图7-2至图7-5）。

图7-2 机电管线综合平面图   图7-3 机电管线综合BIM三维图

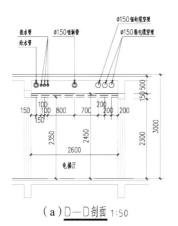

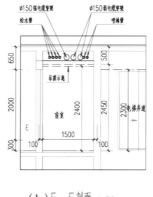

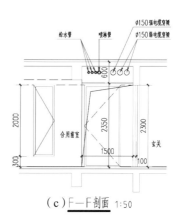

（a）D—D剖面 1:50   （b）E—E剖面 1:50   （c）F—F剖面 1:50

图7-4 机电管线综合剖面图

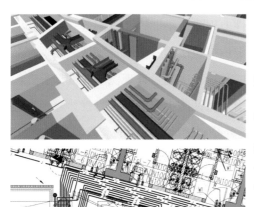

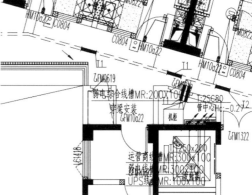

图7-5 机电管线按不同功能集中布置管井示意图

（3）管线分离：装配式混凝土建筑设备与管线设计应与建筑设计、室内装修设计等同步进行，给排水管道、暖通管道、电气管线及燃气管道等宜采用管线分离方式进行设计。如需暗埋或穿结构构件时，应提前考虑预留预埋，避开预制构件的接缝处，并在预制构件深化设计图纸上准确表达（图7-6至图7-8）。

图7-6　管井管线分离示意图　　　　　　图7-7　走廊管线分离示意图

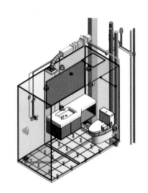

图7-8　集成卫浴管线分离示意图

（4）预留预埋：装配式混凝土建筑设备与管线的预留预埋、吊挂配件等应满足结构专业相关要求，不应在安装完成后的预制构件上剔凿沟槽、打孔打洞等。穿越预制构件处的洞口、套管、线盒、管线等的尺寸及定位应经结构专业人员确认。预埋部品的型号应与构件截面尺寸相匹配，如叠合构件中套管长度应考虑现浇层厚度，叠合板中的线盒高度应考虑现浇层厚度及穿管高度。为了保证防火分隔的可靠性，避免高温烟气和火势穿过防火墙及沿楼板的开口和空隙等处蔓延扩散，预留的套管与管道之间、孔洞与管道之间的缝隙需采用阻燃密实材料填塞，对于穿越楼板的管道，还应在套管与管道之间、孔洞与管道之间采取防水措施，以避免上层对下层的渗漏影响。对于采用塑料管等遇高温易收缩变形或烧蚀的材质的管道，要采取措施使该类管道在受火后能被封闭。管道穿越湿区预制楼板或预制屋面楼板、预制外墙板等有防水要求的预制构件时，应预埋刚性防水套管，具体套管尺寸及做法参见国标图集《防水套管》（建质〔2002〕236号　02S404）（图7-9、图7-10）。

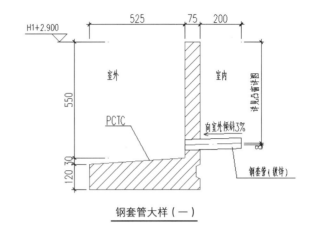

钢套管大样（一）

图7-9 机电预留、预埋示意图

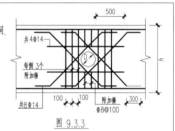

9.3.3 梁上留洞除图中注明外，应严格按下述要求埋设钢套管和加强筋，不得自行留设孔洞,更不得事后打凿孔洞.
  a) 预留洞均需预理套管,套管壁厚 ≥5mm;
  b) 预留洞中心离支座边缘的距离应不小于梁高 h ;
  c) 预留洞应位于梁高中部 h/3 范围内;
  d) 当预留洞直径 $D \leqslant h/10$ 时,洞口设置钢套管;当预留洞直径为 $h/10 < D \leqslant h/8$ 时,应在洞口两侧各加 2 个附加箍筋,附加箍筋的直径、肢数同梁箍筋;当预留洞直径为 $h/8 < D \leqslant h/4$ 时,做法见图 9.3.3 。

图7-10 预留、预埋结构专业相关要求示意图

7.2 给排水

装配式混凝土建筑应根据项目特点，选用合适的给排水系统，与其他各专业协同设计、一体化考虑。给排水设备与管线系统应进行综合设计，提前考虑预留、预理，设备、管道及其附件的支吊架应固定在主体结构上预埋的螺栓或钢板上。

7.2.1 给水管道设计

在设计装配式混凝土建筑给水管道时，不得将给水横管或立管直接埋设在建筑物结构层内。给水横管可设置在楼层底部或楼层顶部，楼层底部可采用建筑垫层（回填层）暗埋或架空层设置，楼层顶部可采用梁下设置或穿梁设置，管线高度应满足建筑净高要求。给水立管应设置于管井、管窿内，或沿墙敷设在管槽内。

此外，给水立管与水平管道的接口宜采用内螺纹活接头，以便于日后管道维修拆卸。

7.2.2　排水管道设计

装配式混凝土建筑卫生间宜采用同层排水。同层排水的建筑完成面及预制楼板面应做好严格的防水处理，避免回填（架空）层积蓄污水或污水渗漏至下层住户室内。同层排水包括非降板型和降板型两类。非降板型同层排水即排水支管暗敷在隔墙内。降板型同层排水即排水支管敷设在本层结构楼板与最终装饰地面之间，卫生间区域降板或抬高建筑面层的高度应同时满足排水管设置小坡度要求，应向建筑专业提供降板高度要求，并提醒结构专业考虑降板区域回填荷载。同层排水卫生间参考图7-11至图7-14。

装配式混凝土建筑的阳台排水管道需穿越预制楼板时，应在预制构件内预留洞口或套管。

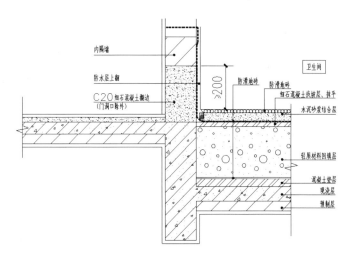

图 7-11　同层排水工程示例（降板型）

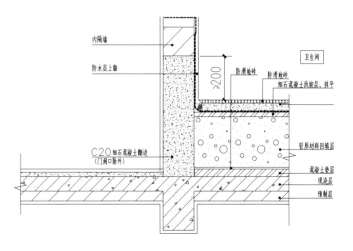

图 7-12　同层排水工程示例（非降板型）

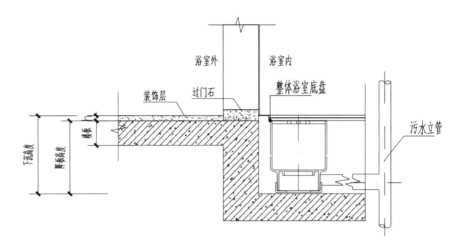

图 7-13   卫生间降板高度示意图

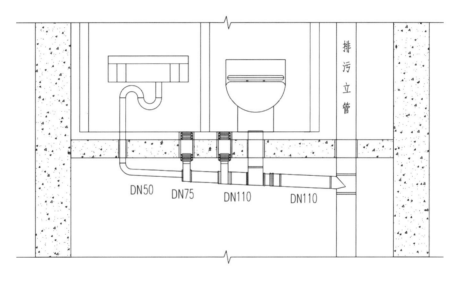

图 7-14   异层排水示例

7.2.3   预留、预埋

装配式混凝土建筑给排水设计的预留预埋需满足建筑使用功能和结构安全要求，综合考虑预制构件生产、施工安装及使用维护，减少预制构件中预埋数量、规格种类（图 7-15 至图 7-21）。譬如，各典型部位的预留预埋可参考以下原则。

①埋设在楼板建筑垫层内或沿预制墙板敷设在管槽内的管道，应考虑垫层厚度或预制墙板钢筋保护层厚度（通常为 15 mm）的限制，一般外径不宜大于 25 mm。

②沿预制外墙接至用水器具的给水支管需预留竖向管槽，管槽定位及槽宽应考虑钢筋避让，管道外侧表面的砂浆保护层厚度不得小于 10 mm；不能预留竖向管槽时，

应与室内装修设计协调确认给水支管需埋设在装饰层内。

③阳台部位预制板或叠合板应考虑排水管、排水地漏等预留洞口或预埋套管。

④公共区域管井部位预制板应考虑给水管、消防水管等预留洞口或预埋套管。

⑤消火栓箱部位建筑隔墙设计应提前考虑预留洞口并采取相应的墙体加固措施。

⑥预制梁（墙）上穿水管时，应考虑相应预埋套管。

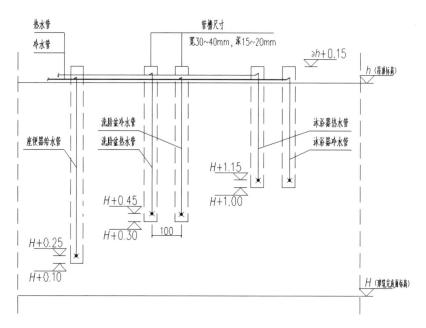

图7-15　给水干管设于吊顶内示意图

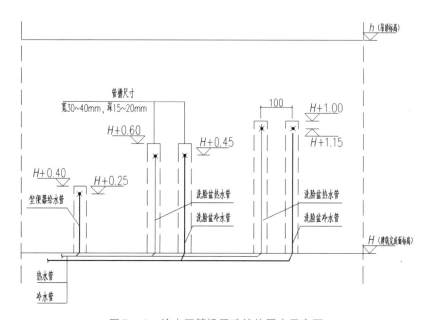

图7-16　给水干管设于建筑垫层内示意图

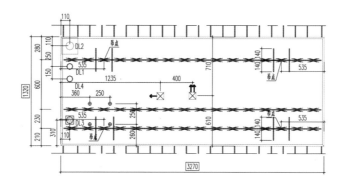

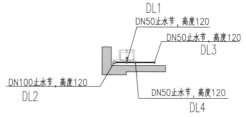

图7-17 阳台部位预制叠合板构件预留预埋示意图

图7-18 公共区域管井套管预留

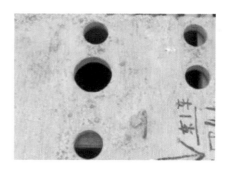

图7-19 公共区域管井管道洞口预留

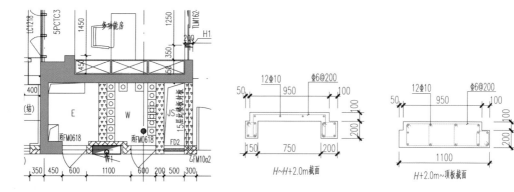

图7-20 公共区域消火栓箱部位预留洞口加固示意图

图 7-21　预制梁（墙）预埋给排水套管示意图

7.3　暖通

装配式混凝土建筑应根据项目特点，选用合适的采暖系统，与其他各专业协同设计、一体化考虑。暖通的设备与管线系统应进行综合设计，提前考虑预留、预埋，设备、管道及其附件的支吊架应固定在主体结构上预埋的螺栓或钢板上。

7.3.1　暖通设备与管线系统

空调室外机位置以及新风系统进风口位置应与建筑专业一同确定，空调冷凝水排放立管位置应与给排水专业一同确定，然后根据室外机及冷凝水立管位置来布置空调冷媒管及冷凝管走向。

对空调冷媒管、冷凝水管、采暖水管、空调新风管、卫生间排风管等必须穿越预制墙体处应预留孔洞，孔洞尺寸根据风管、管道尺寸而定，孔洞定位应根据结构梁高及建筑净高要求而定。

7.3.2　预留、预埋

预留套管、洞口等应按设计图纸中的管道定位、标高，同时结合建筑装饰装修、结构专业，绘制预留图，预制构件上的预留预埋应在预制构件厂生产完成（图 7-22 至图 7-25）。

名称	用途及图例	留洞尺寸	备注
EDD	强电箱留槽	500x220x100 1800(洞底距地)	宽x高x深
TDD	弱电箱留槽	400x300x100 300(洞底距地)	
W1	住宅消火栓留槽	750x1400x200 550(洞底距地)	
H1	空调留洞	Ø150钢套管 H+2700(中心距地)	（空调洞口穿梁）
H2	空调留洞	Ø150钢套管 H+2650(中心距地)	洞口向外倾斜10% （空调洞口穿梁）
H3	空调留洞	Ø150钢套管 H+2670(中心距地)	（空调洞口穿梁）
H4	空调留洞	Ø150钢套管 H+2680(中心距地)	（空调洞口穿梁）
MD	厨房热水器排气留洞	Ø150钢套管 H+2650(中心距地)	洞口向外倾斜3% （空调洞口穿梁）
PD	卫生间排气扇留洞	Ø150钢套管 H+2650(中心距地)	洞口向外倾斜3% （空调洞口穿梁）
RD	燃气管道孔	Ø50钢套管 H+1800(中心距地)	洞口向外倾斜3% （空调洞口穿梁）

图 7-22　暖通预留洞口要求示意图

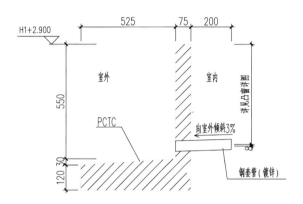

图7-23 预制凸窗空调管预留套管示意图

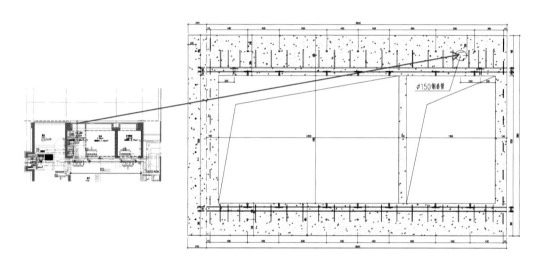

图7-24 预制凸窗卫生间排风扇洞口预留套管示意图

图7-25 暖通管线穿梁（墙）预留套管示意图

7.4 电气

装配式混凝土建筑应根据项目特点，选用合适的电气系统，与其他各专业协同设计、一体化考虑。电气设备与管线系统应进行综合设计，提前考虑预留、预埋，设备、管道及其附件的支吊架应固定在主体结构上预埋的螺栓或钢板上。

7.4.1 电气设备

配电箱、配线箱等应布置合理，定位准确。因管线较为密集，尽可能避免安装在预制墙上；当无法避免时，应与建筑专业、结构专业协商确定箱体的预留预埋，并在墙板与楼板的连接处预留足够的安装、接线操作空间。预制构件上的灯具、开关、插座应定位准确，以满足各功能单元的使用要求和相关规范的要求。

7.4.2 管线设计

竖向主干线宜集中设置在建筑公共区域的电气管井内，便于维修维护，电气管井布置位置应避开预制楼板区域，以避免在预制构件中预埋大量洞口或套管，当无法避免时，需在预制构件内预留沟、槽、孔洞或套管。竖向管线不宜设置在预制剪力墙内，且不应设置在剪力墙边缘构件范围内或预制柱内。

水平管线应做好管线的综合排布，宜在楼面架空层或天花吊顶内敷设，当受条件限制必须暗敷时，宜敷设在现浇层或建筑垫层内，如无现浇层且建筑垫层又不满足管线暗埋要求时，需在预制构件中预留相应的套管或接线盒。

装配式混凝土建筑内的预制构件应考虑防雷接地措施。建筑屋面的接闪器、引下线及接地装置尽量避开装配式建筑主体结构；难以避开时，需利用装配式混凝土结构框架柱（或剪力墙边缘构件）内部满足防雷接地系统规格要求的钢筋作引下线及接地极，或在装配式建筑结构楼板等相应部位预留孔洞，预埋钢筋、扁钢等，以确保接闪器、引下线及接地极之间可靠连接。应在设有引下线的预制框架柱（或剪力墙）室外地面上 500 mm 处，设置接地电阻测试盒，且在工厂加工时做好预留。预制柱（或剪力墙）可利用灌浆套筒连接的预制柱钢筋作防雷引下线，但应尽量选择靠近框架柱（或剪力墙）内侧，要把两端柱体（或剪力墙边缘构件）钢筋用等截面钢筋焊接起来，达到贯通的目的；也可采用 25×4 扁钢作防雷引下线，两根扁钢固定在框架柱（或剪力墙）两侧，靠近框架柱（或剪力墙）引下并与基础钢筋焊接。此外，预制外墙上的金属门窗应考虑防雷设计，如需与防雷系统连接，应提前做好预制构件内的预留、预埋。

7.4.3　预留预埋

预制构件内的电气设备或管线预留、预埋（如照明、应急照明、火灾报警、广播控制、智能化的灯具、开关及防雷等）应不影响结构安全，当需要开洞时，应采取一定的加固措施。叠合板中预埋线盒的高度应考虑现浇层厚度及穿管高度（图7-26至图7-37）。

墙/地面图例				墙/地面图例		
⬚	单联开关	$H=1300$		⊞	网络/电视	$H=300$（除特别说明外）
⬚	双联开关	$H=1300$		⊟	空调开关	$H=1300$
⬚	三联开关	$H=1300$		⊞	新风开关	$H=1300$
⬚	强电插座	$H=300$（除特别说明外）		⊞	排风开关	$H=1300$
⬚	USB插座	$H=860$（除特别说明外）		◉	墙面预留接线盒	图示
▨	防水插座	$H=300$（除特别说明外）		⊠	地面预留接线盒	地面
⬚	网络数据	$H=300$（除特别说明外）		⊡	地插	地面

图7-26　电气预留预埋点位种类

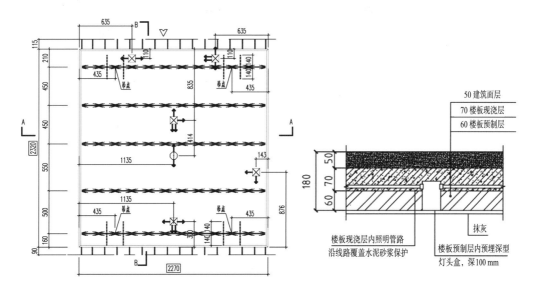

图7-27　预制叠合板内预留接线盒做法示意图

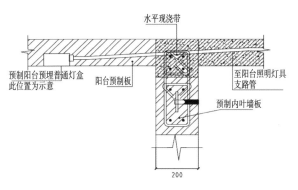

图 7-28　预制阳台板照明线路敷设做法示意图

图 7-29　叠合板线盒预留示意图

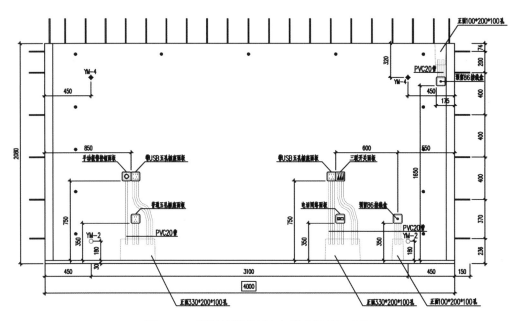

图 7-30　预制外墙预埋电气线盒做法示意图

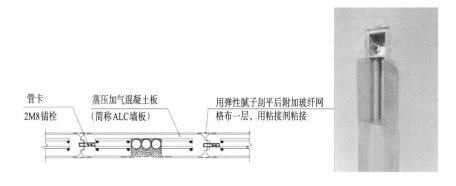

图 7-31　预制内隔墙预埋线管填缝（专用砂浆）示意图

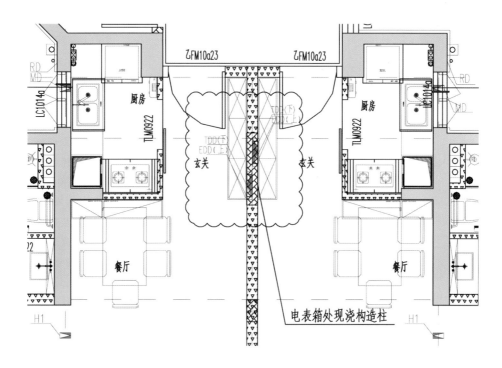

图7-32 户内强、弱电箱处建筑隔墙采用现浇构造柱做法示意图

当需根据相关规范要求，采用防侧击雷措施时，应将外墙、阳台上的栏杆、门窗、百叶等较大金属件直接或通过预埋件与防雷装置相连。

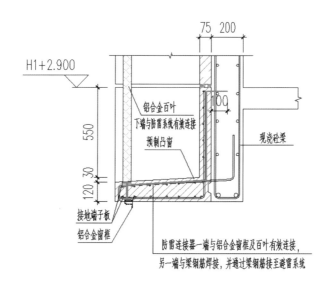

图7-33 预制凸窗防雷设计节点图

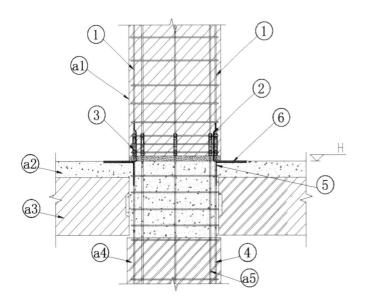

注：①—上部预制柱主筋；
②—$\Phi 10$圆钢；③—灌浆套
筒；④—下部预制柱主筋；
⑤—$\Phi 10$圆钢；⑥预埋接地连
接板；a1—上部预制柱；a2—
现浇楼板；a3—预制叠合梁；
a4—下部预制柱；a5—预制柱
内主筋；上、下层预制柱内引
下线连接节点在设计图上通常
采用两根$\Phi 10$圆钢与预制柱
内两根主筋连接，并预留足够
的长度于柱外，作为附加专用
导体。

图7-34　预制柱间防雷引下线的连接大样

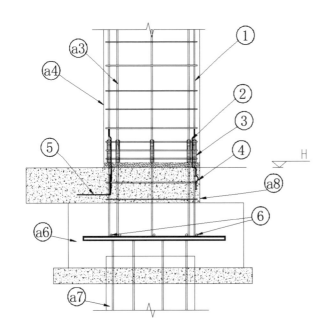

注：①—上部预制柱主筋；
②—$\Phi 10$圆钢；③—灌浆套
筒；④—预埋接地连接板；
⑤—40×4镀锌扁钢；⑥—
基础地梁内采用两根不小于
$\Phi 16$的钢筋；a3—预制柱内
主筋；a4—上部预制柱；a6—
桩基承台；a7—结构桩；a8—
现浇柱

图7-35　预制柱防雷引下线与现浇柱的连接大样

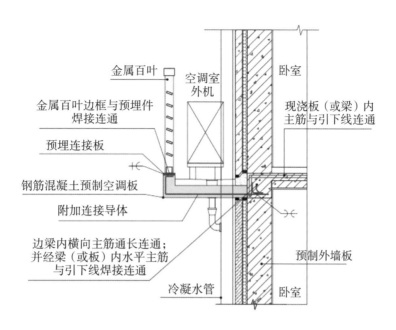

图 7-36 预制空调板防雷设计节点图

图 7-37 常用的预制柱引下线设计成品图

7.5 设备与管线BIM设计

1. 机电各专业应进行设备与管线BIM设计，运用BIM技术进行设备与管线系统的综合设计及碰撞检查，提高质量，减少返工；运用BIM模型可直接生成设计物料信息，也可作为生产输入信息，同步关联设计、生产信息后可生成生产输出信息，并用于指导现场安装及施工（图7-38至图7-42）。

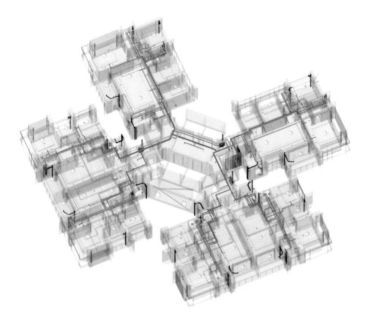

图7-38　给排水BIM设计

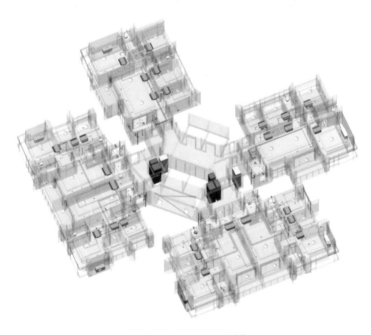

图7-39　暖通BIM设计

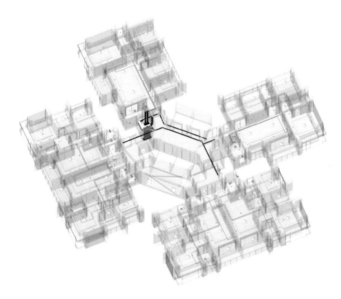

图7-40　电气BIM设计

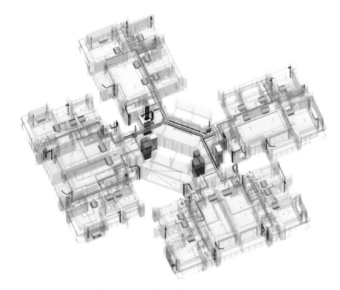

图7-41　设备与管线综合BIM设计

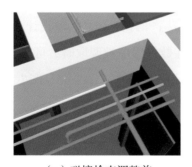

（a）碰撞检查调整前　　　　　　　（b）碰撞检查调整后

图7-42　BIM碰撞检查设计

2. 预制构件深化设计时可根据装配式混凝土建筑各专业BIM模型进行设备点位或管线的预留预埋（如预埋管线或开槽、线盒、管道止水节或洞口、地漏、防雷接地等）设计，并与其他专业预留预埋相互配合协调后直接导出深化加工图纸（图7-43至图7-45）。

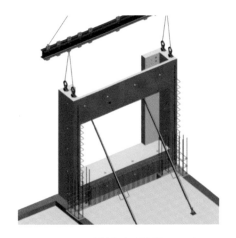

图7-43　BIM预制凸窗预留洞口示意图

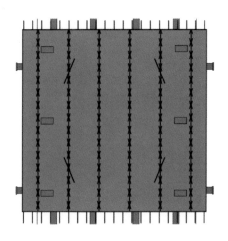

图7-44　BIM叠合楼板预埋线盒示意图

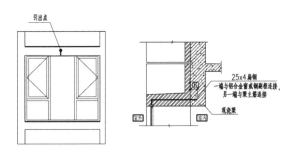

（a）凸窗连接避雷系统

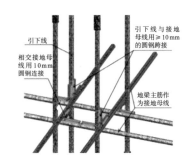

（b）防雷引下线与接地母线之间跨接

图7-45　BIM预制凸窗防雷接地示意图

3. 深化设计BIM模型可为生产输出设计物料信息，模型数据库中具有与构件对应的文件夹及图形文件，可在生产阶段输入相应的生产信息，同步关联设计、生产信息，进而实现构件数字化。而构件关联的生产信息在数据库中被调取时，可同步为施工输出生产信息。此外，BIM模型也可用于指导现场吊装及施工（图7-46、图7-47）。

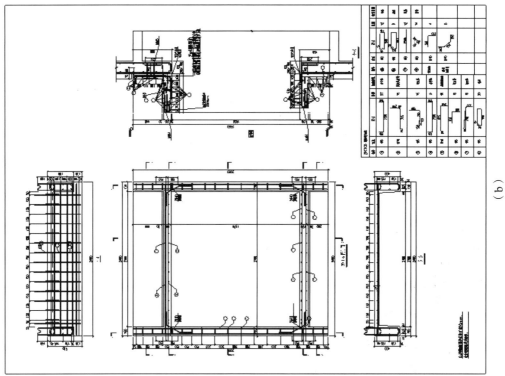

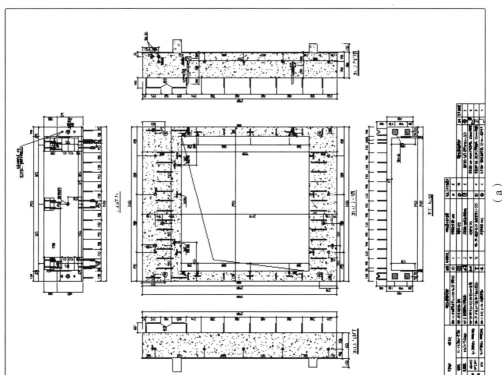

图 7—46　预制构件深化图及物料清单示意图

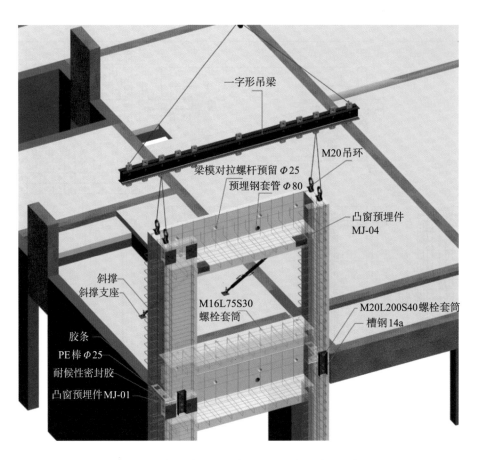

图 7-47　预制构件深化设计 BIM 模型指导施工示意图

8

装配式装修设计

装配式装修应按照全专业一体化设计思维，从技术策划、方案设计、施工图设计三个阶段出发，做好与建筑、结构、机电等专业的协同设计，并结合BIM设计应用，为生产、施工、运维全过程提供指导（如图8-1所示）。

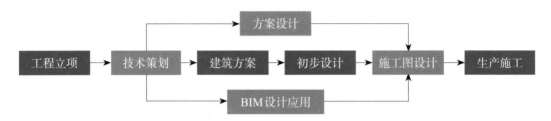

注：橙色框为装配式装修参与阶段。

图8-1 装配式装修协同设计流程

8.1 设计原则

装配式装修设计应将内装部品部件与结构系统、外围护系统、设备和管线系统等进行一体化集成，采用模数化、标准化、模块化的设计方法，以少规格、多组合的方式满足建筑多样性要求；设计需考虑空间功能和客户需求，从符合空间可变性要求、客户体验感等维度进行设计，需明确内装部品部件和设备管线的主要性能指标，满足安全、防火、防水、节能、无障碍等需求。

装配式装修设计过程中建议采用BIM，实现与各专业及生产安装的信息交换与共享，形成可以指导生产、安装、运维全过程的一体化集成设计成果。

8.2 装配式装修技术策划

装配式装修技术策划宜与项目前期策划同时进行，结合BIM统筹设计。技术策划需结合项目定位，考虑项目布局及部品部件标准化要求、后期空间改造可能，保证基本单元、内装部品部件的标准化及通用性满足生产、运输、装配的要求，并包括主要部品部件与建筑结构及其他装饰交接的工艺做法等，主要内容如图8-2所示。

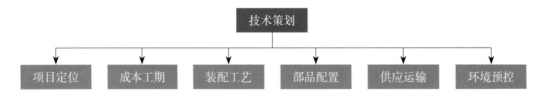

图8-2 装配式装修技术策划阶段内容

8.3 装配式装修方案设计

8.3.1 方案设计的基本原则

装配式装修方案设计需以设计合同、设计任务书及国家行业标准等资料为基础，贯彻甲方设计理念和指导思想，在满足平面功能的基础上采用标准化、模数化设计，通过部品部件参数优化、公差配合和接口技术等措施，提高部品部件的互换性和通用性，并综合考虑防火、环保、安全、使用年限等性能参数的要求。

在部品部件选型上，优选品质高、耐用环保、集成化成套供应的部品部件，明确部品部件规格尺寸、性能、材料材质、安拆方式等内容，满足管线分离、工业化生产及干法施工要求。

方案设计过程中，建议设计初期即搭建BIM三维模型进行正向设计，通过方案模拟、过程优化的方式，减少设计中的不合理和错漏现象产生，进一步优化设计方案以及工艺，并利用BIM可视化展现最终方案效果。

8.3.2 方案设计的内容

装配式装修方案设计的内容主要包括平面布置图、效果图、部品部件选型与主要装配做法示意图等，充分展现空间布置、功能流线、空间效果等。

下面以某安居房方案设计为例，展示方案设计实施流程。

1.项目概况

由人才安居集团开发建设的某安居房项目位于深圳市罗湖区，用地面积为5556.76 m²，容积率为5.91，总建筑面积为44349.93 m²，共包括一栋超高层人才住房和相关配套设施。项目面向深圳人才家庭，含4类标准化户型，提供人才住房360套（图8-3、图8-4）。项目为深圳市装配式装修试点项目，建设单位要求采用全装修、集成式厨房、集成式卫生间、干式工法、管线分离、BIM技术全过程管控等技术，项目需要符合《深圳市装配式建筑评分规则》要求，并需满足合理的成本造价。

图8-3 某安居房项目效果图

图8-4 建筑平面图

2.方案内容

综合考虑项目定位及建设单位要求，以及深圳市人才家庭的审美需求，结合BIM与装配式装修技术工艺，实现对空间的科学布局与利用。

（1）平立面图设计

以其中的两房D户型设计为例，户内需考虑夫妻、儿童的居住功能需求，完成卧室、厨房、卫生间、客厅、餐厅、阳台等功能空间的合理布置，输出平立面图设计成果（图8-5至图8-8）。

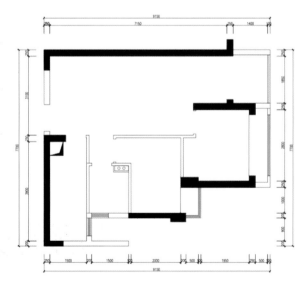

图8-5 D户型建筑平面图

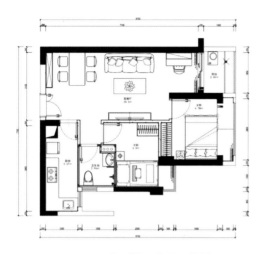

图8-6　D户型平面布置图设计

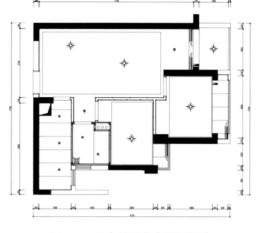

图8-7　D户型天花布置图设计

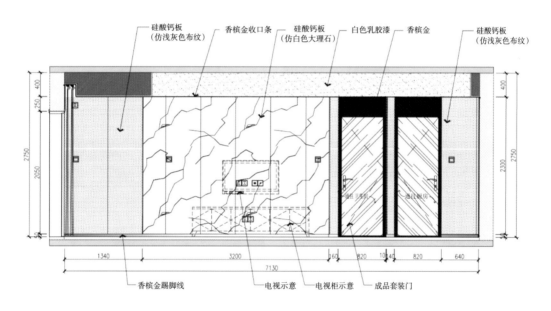

图8-8　D户型立面图设计

（2）方案效果图

依据确定的平立面方案，结合建设方的设计理念与具体需求，利用BIM技术展示不同材质的可视化效果，形成了轻奢经典房和温馨明亮房两套方案效果，具体方案效果如图8-9、图8-10所示。

图 8-9　轻奢经典房方案效果图

图 8-10　温馨明亮房方案效果图

将以上两套方案进行如下对比分析（表8-1）。

表8-1　两房D户型方案效果图对比

	轻奢经典房方案	温馨明亮房方案
搭配	灰色地板+浅黄色墙面+金属灰线条	浅黄色地板+浅灰色墙面+香槟金线条
特点	具备平静自然、简约大气的风格特点	具备明亮通透、温馨舒适的风格特点
分析	两种方案各具风格，整体造价无明显差异，为满足不同人才家庭审美需求，建设方对两种方案均予采纳	

（3）部品及工艺选型

为满足建设单位对全装修、集成式厨房、集成式卫生间、干式工法、管线分离等装配式建筑装修要求，综合部品呈现效果、功能特性、产品成熟度、应用成本等方面的分析，与建设单位共同商定，确定了一套部品及工艺选型方案。主要部品及工艺选型如表8-2所示。

表8-2　主要部品及工艺选型

部位系统	选用部品	部品优势	对应工艺
墙面	硅酸钙板	防火防水，轻质高强，隔热隔音，环保耐用，饰面多样	
楼地面	SPC地板	绿色环保，施工便捷，防火防潮，方便清洁、维护	

部位系统	选用部品	部品优势	对应工艺
卫生间	GRC整体卫浴	防水防潮，观感佳，轻质高强，安装便捷	
厨房	集成式厨房	集成化程度高，空间利用好，观感佳，施工便捷，防渗漏	

以其中的集成式卫生间选型为例，通过表8-3的对比分析，可形成选型方案。

表8-3　卫生间选型对比分析

	SMC整体卫浴	GRC整体卫浴
体系		
优点	优质防水，质感亲肤，安装便捷，价格较低	优质防水，无空洞感，观感较好，轻质高强，不需另做隔墙，安装便捷
缺点	有空洞感，观感一般，需做隔墙	价格较高
分析与选型	空间利用方面，GRC整体卫浴无需另做隔墙，内空间提升近20%；装饰质感方面，GRC整体卫浴的瓷砖饰面更契合传统审美，整体空间无空洞感受；在造价方面，相较于SMC整体卫浴，GRC整体卫浴会带来约30%的价格提升，但节省了墙体建造费用。经建设单位比选，综合考虑人才家庭居住体验，最终采用了GRC整体卫浴方案	

（4）方案设计成果

综合以上设计流程与成果输出，本安居房项目形成了最终的方案设计成果，在装饰风格、装配技术、功能质量、成本造价、BIM技术全过程管控等方面均满足了建设单位的要求，整体成果如图8-11所示。

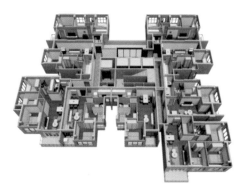

（a）平面图

（b）效果图

类别	位置	材料	类别	位置	材料
客厅 餐厅 卧室	天花	原顶乳胶漆+局部石膏板吊顶+局部铝扣板吊顶	全屋收纳	衣柜/玄关柜/收纳柜	一体化收纳体系
	地面	SPC地板	收边收口条	天花/地面/墙面/门窗收边收口五金	铝合金收口条
	墙面	硅酸钙板（仿墙布/大理石）+五金卡件+铝合金线条	集成厨房	吊柜	白色烤漆板
	踢脚线	50mm金属踢脚线		地柜	烤漆板
	飘窗	人造大理石台面		台面	人造大理石台面
厨房	天花	铝塑板天花		烟机炉灶/水槽/五金	
	地面	瓷砖薄贴工艺	强弱电给排水	给排水系统	PVC管
	墙面	硅酸钙板（大理石）+赛乐板+五金卡件+铝合金线条		网络/电视	强/弱电线
	踢脚线	50mm金属踢脚线	开关及灯具	开关插座面板	开关及灯具
阳台	天花	原建筑外墙漆		工程灯具	
	地面	瓷砖薄贴工艺			
	墙面	原建筑外墙漆			
GRC整体卫生间	天花	铝塑板天花			
	地面	GRC底盘+瓷砖			
	墙面	整体隔墙+水泥纤维板+瓷砖			
	卫浴五金	配客产品			
门窗	户内门窗	装配式门窗			

（c）部品部件清单截图

图8-11 某安居房方案设计成果

8.4 装配式建筑装修施工图设计

施工图设计需考虑材料部品部件订货及施工安装的要求，形成项目装饰专业图纸和部品部件生产安装图纸，体现部品部件深化设计、部品部件连接节点设计、定制部品部件设计等内容。

8.4.1 装配式建筑隔墙与墙面

隔墙系统需考虑隔声性能等要求，明确隔墙厚度、材质、规格型号，填充材料建议选用 A 级防火材料。隔墙上固定或吊挂重物时，需采用专用配件、加强背板或在竖向龙骨上设计固定挂点，门窗洞口、墙体转角连接处等部位需加设龙骨，饰面板与龙骨之间建议采用机械连接设计，参见图 8-12。

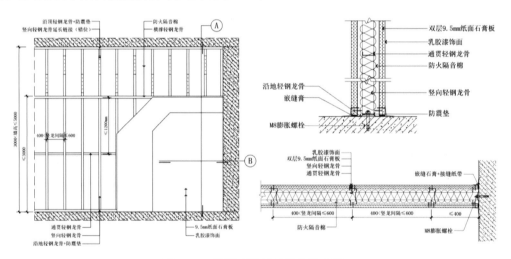

图 8-12 隔墙系统模块结构示意图

墙面系统宜分为调平模块和饰面模块。调平模块包含龙骨调平和调平构件调平，调平参数宜定量化；饰面模块需满足强度、隔声、防火、防潮等性能要求，建议选用饰面一体板，与基层连接紧密且无异响，并宜满足单块可拆装的需求，参见图 8-13。

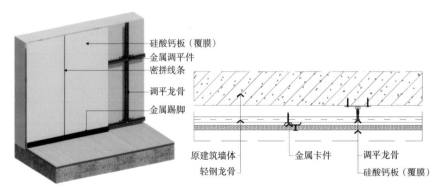

图 8-13 墙面系统模块结构示意图

结合方案设计阶段的某安居房项目案例，项目户内墙面采用硅酸钙板（仿墙布/大理石）+五金卡件+铝合金线条的部品部件体系，施工图设计阶段结合装饰性能、受力安全、下单生产、施工安装等需求，对墙面装饰的尺寸、排布、安装节点等做进一步深化，形成图8-14所示设计成果。

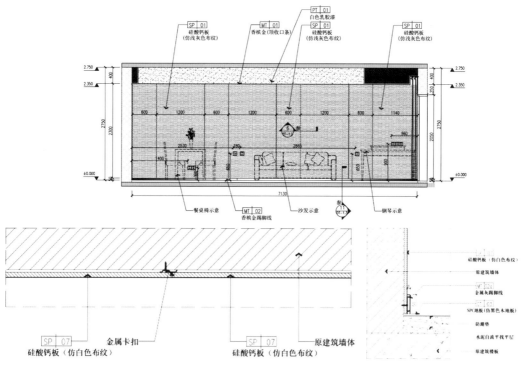

图8-14 某安居房装配式建筑墙面施工图设计

8.4.2 装配式建筑吊顶

吊顶系统可采用板块、格栅吊顶，吊顶内应设计可敷设管线的空腔，并宜集成灯具、排风扇等设备设施，参见图8-15。吊顶施工图设计应明确吊顶材料、轴线分布、吊顶标高，明确吊顶防火、隔声等技术性能要求，合理布置灯具、烟感、风口、喷淋头等的位置，并绘制吊挂重物的加固构造节点。

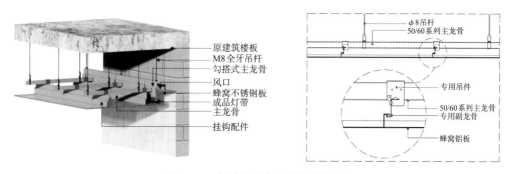

图8-15 板块吊顶安装结构示意图

8.4.3 装配式建筑楼地面

装配式建筑楼地面建议采用架铺、干铺等干式工法。架铺楼地面系统宜包含支撑模块、基层模块、饰面模块，支撑模块应具备可调节功能，基层模块应满足承载力要求，如图8-16所示，架空高度根据管径尺寸、敷设路径、设置坡度等确定，地面与周边墙体之间应预留伸缩缝隙。采用干铺地面时，基层应平整，平整度偏差符合规范要求。

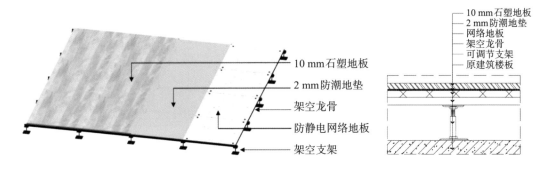

图8-16 架铺地面系统模块结构示意图

8.4.4 集成式厨房

集成式厨房应与内装设计进行统筹，与结构系统、外围护系统、公共设备与管线系统协同设计。集成式厨房的设施建议一次性集成设计到位，橱柜、电器等需与墙面装饰基层或轻质墙体有可靠连接节点，满足安全要求。管线应与厨房结构、厨房各部品进行统一规划布置设计，建议设在橱柜背部或吊顶内，主接口预留孔洞应合理准确，检修口设置应合理，如图8-17所示。

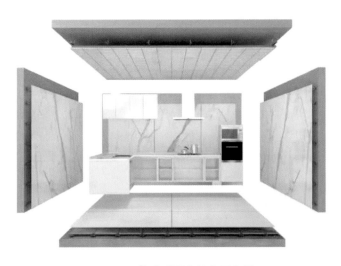

图8-17 集成式厨房结构示意图

8.4.5 集成式卫生间

集成式卫生间需协调建筑设计、设备等专业，共同确定卫浴间布局、结构方案及结构孔洞预留、管道井等位置，且建议优先采用集成度更高的整体卫生间。卫浴墙板与原建筑结构墙体之间需预留合理的安装间距，卫浴间相互结构的连接构造需具备防渗漏和防潮功能，给排水、电气设备等预留连接处应设置检修口或检修门，如图8-18所示。

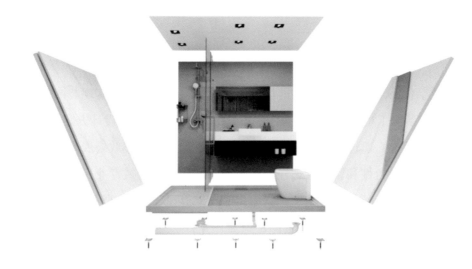

图8-18　集成式卫生间结构示意图

8.4.6 装配式建筑内门窗

装配式建筑内门窗可与隔墙一体化设计，且优先选用成套化、模块化、易更换的内装部品，如图8-19所示。设计应明确门窗的材料、品种、规格等指标以及开启方向、组装和固定方式等要求，有防火、隔声、热工性能要求的空间应选用满足耐火、隔声、节能要求的装配式建筑门窗。

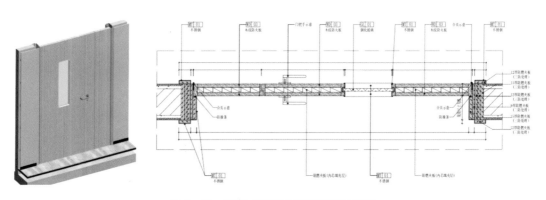

图8-19　装配式建筑内门窗结构示意图

8.4.7　设备和管线

设备管线与装饰部品可采用集成化设计，建议采用管线分离的装配方式。电气管线可设置在天地墙空腔内，给排水管线建议敷设在地板架空层内，排水立管宜集中布置在管井内，排水方式建议采用同层排水形式，如图8-20所示。

图8-20　管线分离系统示意图

8.5　装配式装修BIM设计

通过数字化手段对装配式装修进行全面优化，利用BIM技术实现装饰的精细化设计，对装配式装修工程进行全方位的评估和优化，以实现最佳的设计方案和设计成果。

在方案设计中，通过BIM模型创建、部品部件选型、方案效果展现等内容，论证拟建项目的技术可行性和设计合理性。在施工图设计中，通过专业协同设计、专业碰撞检查、二次机电点位优化、施工图纸输出、BIM算量、BIM可视化等内容，形成可指导生产、施工的专业化设计成果（图8-21至图8-28）。

（1）BIM模型创建

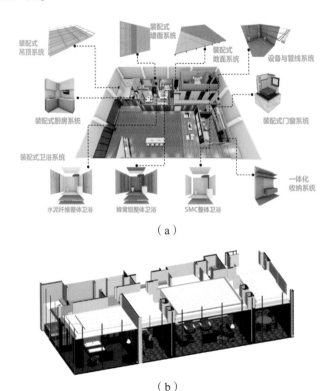

（a）

（b）

图8-21　装配式装修BIM模型创建

（2）部品部件选型

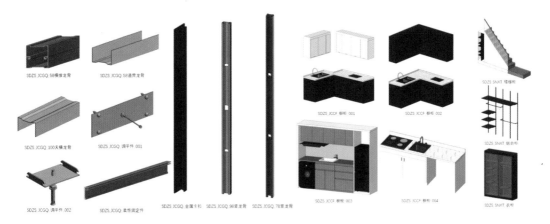

图8-22 装配式装修BIM部品部件选型

（3）BIM方案比选

（a）优化前 　　　　　　　　　　　（b）优化后

图8-23 装配式装修BIM方案比选

（4）专业碰撞检查

图8-24 装配式装修BIM专业碰撞检查

（5）二次机电点位优化

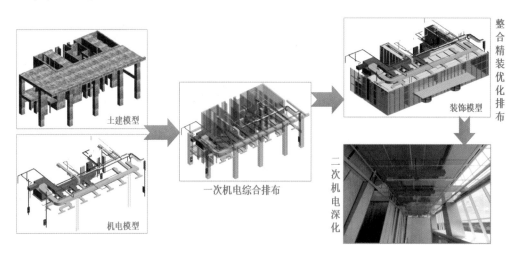

图8-25　装配式装修BIM二次机电点位优化

（6）施工图纸输出

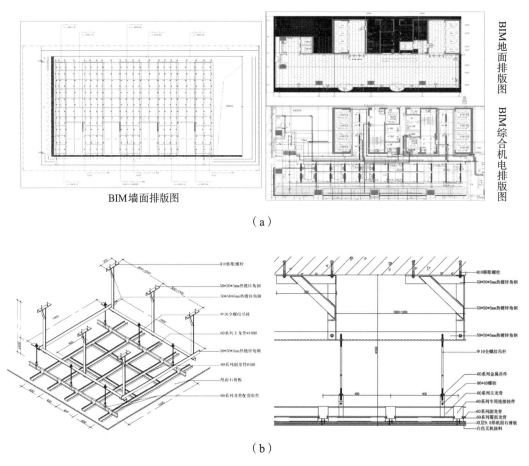

图8-26　装配式装修BIM施工图输出

（7）BIM算量

（a）K、T户型效果

（b）户型材料工程量统计（截图）

图8-27 装配式装修BIM工程量统计

（8）BIM可视化

图8-28 装配式装修BIM可视化

9

创新与提高

9.1 混凝土模块化集成建筑设计

混凝土模块化建筑集成体系，可将大量工序转移至工厂完成，施工现场只需快速组合拼装，是绿色低碳建筑的有效实现手段，在建造速度、安装精度方面提供了更快、更好、更环保的建筑解决方案。

9.1.1 方案设计

混凝土模块化集成建筑设计是基于现代工业化集成设计理念，始终坚持"系统"的设计方法和"系统集成"的发展方向。方案设计过程依据混凝土模块化建造的思路，由细部尺寸反推空间尺度，通过将固定的多种标准模块单元自由组装进行逆向建筑设计，实现模块化建筑设计与生产标准化、统一化。

9.1.1.1 模块设计要素

1. 模数协调基础

遵循模数协调原则，优化功能模块的尺寸和种类，实现部品的系列化与通用化是工业化生产的基础。模块单元平面尺寸选用模数及范围如表9-1所示，不同建筑功能模块单元尺寸如表9-2所示。

表9-1 模块单元平面尺寸选用模数及范围

平面尺寸	开间		进深	
	模数	范围/mm	模数	范围/mm
净尺寸模数	1 M	1600～4000	1 M	3000～9000
标志尺寸模数	2 M或3 M	1800～4200	6 M	3000～9000

表9-2 模块单元平面尺寸选用模数及范围

房间功能	开间标志尺寸/mm
书房、卧室	2400～3000
公寓、宿舍、宾馆	3000～3900
办公室	3300～4200
标准病房、诊室	3600～4200
走廊	1800～3000

2. 协调建筑要素

在工程实践中，通过模数协调、对齐各项轴线、平整短肢墙体实现模数化，使结构布置更规则。

3. 优化尺寸种类

通过设计优化，整合外围护系统、内装系统和机电管线系统的功能需求，实现少规格、多组合。优化设计节点，比如，要使现浇节点规格统一化，可以采用少规格的定型模板和组合模板进行施工，提高质量，缩短工期。

9.1.1.2 模块方案设计

模块方案是依据与建筑方案并行设计，明确模块设计区域，设计标准化模块，形成模块多元化组合方案，如图9-1所示。

1. 模块拆分设计

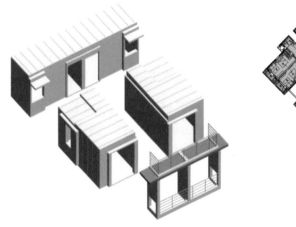

图9-1 模块单元组合

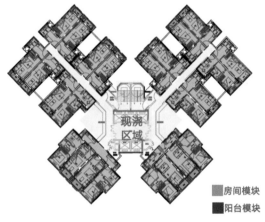

图9-2 模块区域划分

根据项目需求进行预制与现浇区域的划分，再将可预制区域划分为预制与模块区域。以居住建筑为例，模块区域为主要功能房间，预制区域包括全预制阳台板、预制楼梯，现浇区域包括楼梯间、电梯间、走廊等交通核部分，如图9-2所示。

2. 标准模块设计

设计系列标准模块，提高建筑整体的设计效率。以住宅为例，套型设计采用模块化组合，通过标准模块组合满足不同户型要求，如图9-3所示。

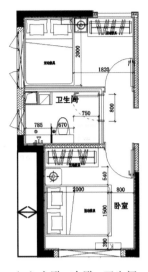 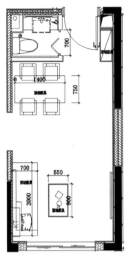 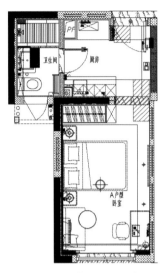

（a）主卧+次卧+卫生间　　　（b）客厅+餐厅+卫生间　　　（c）卧室+餐厅+卫生间

图9-3 标准模块

3.模块深化设计

模块深化设计是集成化设计的过程，设计内容包括模块拼装图、模块配筋图及水电管线预埋图等。根据生产需求提供生产图纸，内容包括模块吊装临时支撑图（墙模，叠合板浇筑支撑图）、外模板预留对拉孔定位图等。同时应对脱模、运输、吊装、安装、储存等模块单元短暂设计状况进行分析，包括对模块单元进行整体稳定性分析等，必要时应对箱模式模块进行实体单元的有限元分析，验算其强度和局部稳定性等，如图9-4所示。

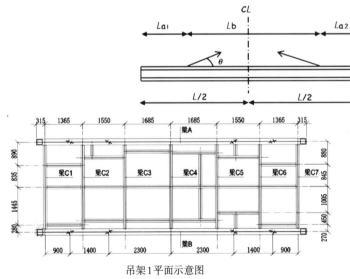

图9-4 模块临时工况计算书

9.1.2 混凝土模块化集成建筑结构设计

9.1.2.1 结构体系与布置

1. 结构体系基本要求

混凝土模块化集成建筑结构体系较传统混凝土建筑要求更高，力求柱网规整、传力路线合理、抗侧力构件位置合理、数量适当、避免突变。平面布置宜简单、规则、对称，减少平面内的偏心。同时着重关注模块单元的连接节点设计，应有可靠设计依据，并应做到传力路径清晰、连接可靠、构造合理与施工方便。

结构体系可以采用框架结构、框架—剪力墙结构、剪力墙结构或其他结构体系，竖向受力构件为框架柱、剪力墙，水平受力构件为框架梁、连梁、楼层板。框架柱、剪力墙、框架梁及连梁以箱模式模块中的柱模、墙模和梁模为模板，现场浇筑混凝土形成。

2. 结构体系分类

1）低多层混凝土模块化集成建筑结构体系

模块结构由混凝土柱、梁、顶部混凝土楼板组成，无底板，外围护结构采用轻钢龙骨墙体或轻质材料隔墙，其安装便捷，外装饰面可以灵活设计。模块结构适用于新农村住宅、临时用房、低多层公共建筑等，适用高度 ≤ 9 m。结构形式包括六面体框架结构（图9-5）、五面体框架结构（图9-6）。

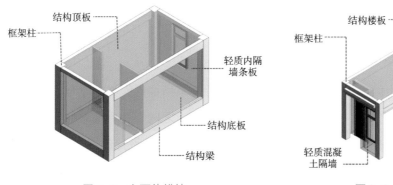
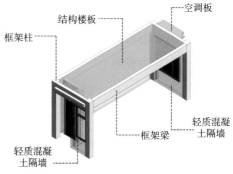

图9-5　六面体模块　　　　　　　　　图9-6　五面体模块

2）高层混凝土模块化集成建筑结构体系

箱模式模块由上下顶板与四周墙体围合而成，呈现六面体单元，如图9-7、图9-8所示。模块仅作为功能性单元，不占据现浇结构空间，不参与受力，主体结构仍为完全现浇。箱模式模块适用于户型标准化程度较高的多高层混凝土剪力墙结构或框架结构住宅、宿舍、医院病房、公寓等，适用高度 ≤ 150 m。

图9-7　箱模式模块

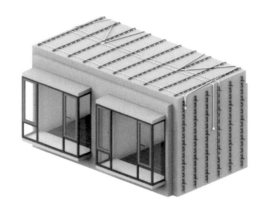
图9-8　水电装修一体化集成

9.1.2.2　结构计算

对模块化结构进行计算分析时，荷载取值和地震作用，以及作用组合的计算，应符合国家现行标准和现行地方工程建设标准的有关规定。计算分析时，模块区域永久荷载取值应充分考虑模块构造做法所产生的荷载。

1. 地震作用计算

模块化现浇结构在进行地震作用计算时，不应计入非承重隔墙对抗震承载力和刚度的有利影响，结构自振周期应根据结构类型予以折减，并宜取小值。

2. 楼盖系统设计

模块化结构的楼、屋盖系统的分析计算和截面设计宜选用双向楼盖，应与竖向结构构件有可靠的连接，以保证结构的整体性。

3. 组合受力规定

模块化现浇结构中的剪力墙、梁以及楼板等构件可采用高性能混凝土与普通混凝土共同组合受力的设计方法，高性能混凝土和普通混凝土之间应具有可靠的连接，组合构件的承载力设计值不应高于全部采用普通混凝土时的承载力设计值。

9.1.3　混凝土模块化集成建筑设备及内装设计

9.1.3.1　给排水专业

1. 施工界面

对于给水管及热水管，单个模块内部的给水管及热水管均在工厂完成安装，其余部分在现场安装。对于排水管，卫生间内卫生器具及排水支管随模块一起完成安装，并将横管接头预留至外墙或管井处，对地盘进行横管与立管及上下层的连接。

2. 给排水设计

给水设计应协调建筑、结构、电气、暖通、智能化、内装等专业的要求，与各专业协同设计，确保留洞留槽一次到位。给水墙体结合墙体厚度随箱体一次浇筑或先留槽后安装。跨箱位置，遇梁需预留套管，预留现场安装空间。

9.1.3.2 暖通专业

1. 套管安装要求

①安装钢套管所需的预留洞边与窗洞等洞口边之间的净距需不小于50 mm。洞口设在剪力墙时，建议避开边缘构件再开洞；其中，墙模/梁模上只能预留套管安装洞口，若套管布置于墙角钢筋过密区域，可增设标注说明：先安装套管后扎钢筋。

②套管离楼板间距（确保空调室内机顶部回风口离楼板不小于50 mm）、与梁底的最小间距要求：在满足空调室内机顶部回风口离楼板不小于50 mm的情况下，套管顶/预留洞口顶与顶板底之间的净距应不小于30 mm，且应避开膜壳墙。

2. 工厂预制模块电梯机房的预留洞口要求

①对于电梯机房模块，排气扇预留洞、百叶预留洞等预留条件需避开电梯设备预留洞口及埋件，且综合考虑电梯设备占位对设备、管线安装使用的影响。

②预留安装洞口边与电梯设备预留洞口边的净距不应小于5 cm，若洞边净距小于50 mm，工厂可能会采取"将两个洞口合并为一个洞口"的方案。

9.1.3.3 电气专业

1. 电气管线、安装盒的选择及敷设设计

设备与管线宜与主体结构相分离，当管线暗敷时，宜埋入结构后浇层或预制模块内。电气管线应做好综合排布，同一部位不应存在2根以上电气导管交叉敷设，同时模块单元之间的连接管宜采用可弯曲导管。

2. 电气管线的预留接口设计

部品与配管及配管与配管之间的连接应采用标准化接口，并应便于安装维护，连接管、接线盒等应做适当预留，出线口和接线盒应准确定位，预留孔洞的大小应满足相应公差要求。

3. 防雷及接地设计

优先利用建筑结构构件内金属体做防雷引下线。作为专用防雷引下线的钢筋，上端与接闪器、下端与防雷接地装置应可靠连接，结构施工时应做明显标记。

9.1.3.4 内装专业

室内装修专业应协调建筑、结构、电气、暖通、给排水、智能化等专业的要求，与各专业进行协同设计。

1.墙面与楼地面系统

墙面系统宜选用具有装配式建筑特点的可工厂定尺生产的集成化部品，宜采用适合干式施工工法的饰面材料。进行墙面饰面作业时，针对结构支撑及对拉螺栓位置，应采用现场施工的形式。

2.模块化建筑吊顶设计

吊顶内应预留可敷设管线的空间，设备管线密集处及各类管道阀门处应设置检修口或采用便于拆装的构造方式，并且与风口、灯具、喷淋、烟感等末端设备进行集成设计。

3.二次机电末端点位设计

内装修设计应在一次机电基础上进行深化设计和末端定位，内容包括所有机电系统的平面图、尺寸图、连线图和综合点位图。对于多个模块拼接的区域，设计图纸上应体现现场施工与接驳区域的工作面和范围。

9.2 混凝土框架结构螺栓连接技术

在目前常规的装配式建筑混凝土结构工程中，预制构件间的连接节点在现场仍需采用湿作业的方式，如梁与梁的连接、梁与柱的连接，其连接节点处均需在现场完成钢筋绑扎后再浇筑混凝土，在完成梁柱节点浇筑后，上、下层预制柱一般采用全灌浆套筒或半灌浆套筒的连接方式，需在现场进行灌浆，以上均为现场湿作业。随着新技术的应用及创新，预制混凝土框架结构中的预制构件也可采用干式连接技术，实现梁柱刚性连接，其中螺栓连接是典型的干式连接技术。

9.2.1 螺栓连接技术简介

螺栓连接技术主要通过运用高性能螺栓和连接座的连接技术来替代节点现浇工作，其中柱靴—螺栓逐渐适用于预制混凝土框架结构中柱与基础、柱与柱的刚性连接，梁靴—螺栓组件适用于柱与梁之间的刚性连接。柱与基础、梁与柱连接示意图分别见图9-9、图9-10。

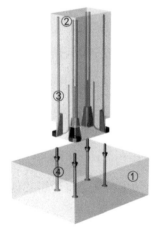

①—基础
②—预制柱
③—金属柱靴
④—高性能螺栓

图9-9 预制柱与基础连接示意图

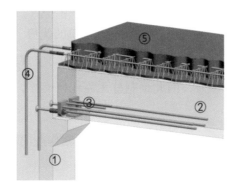

①—预制柱
②—预制梁
③—金属柱靴
④—高性能螺栓
⑤—预制梁叠合层

图9-10　预制梁与预制柱连接示意图

9.2.2　螺栓连接技术的特点、优势与应用范围

螺栓连接技术主要应用于预制混凝土框架结构中。意大利米兰理工大学通过大量的实验对预制构件和现浇构件在循环荷载作用下的延性、耗能、刚度和强度进行评估和研究，结果表明，该连接系统连接节点至少等同于现浇混凝土结构的抗震性能，在地震作用下能发挥良好的性能，满足抗震设计要求。除以上特点外，螺栓连接技术还有以下优势。

①节约现场作业时间。欧洲国家和我国的大量实践案例证实，螺栓连接节点安装简单，安装用时少，通常一个节点作业不超过10 min即可完成，既可以实现单节柱连接也可以实现多节柱连接，从而提高安装效率。其与常规装配式建筑、传统建筑现场作业时间对比见图9-11。

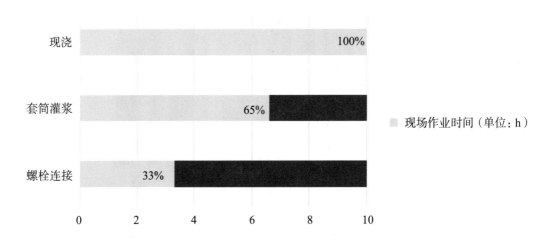

图9-11　螺栓连接与常规装配式建筑、传统建筑现场作业时间对比

②减少现场人工。在现场人工需求方面，通常情况下，柱子的竖向连接或梁柱的水平连接仅需3个工人即可完成，很大程度上体现了装配式建筑的优势。

③预制柱在吊装初步完成就位后，直接调整定位螺母位置即可实现垂直度的调整，且预制柱螺栓连接后即具备一定的承载力，因此预制柱无需任何支撑，可极大地减少人工、材料、机械的投入。

④高性能螺栓与金属柱靴连接采用无收缩灌浆料连接，灌浆作业简单，可视化强，现场质量易于检测。

采用螺栓连接技术完成预制柱、预制梁安装见图9-12。

（a）

（b）

图9-12 螺栓连接技术现场施工示意图

9.2.3　典型连接节点

螺栓连接技术可参照《装配式多层混凝土结构技术规程》（T/CECS 604—2019）中的螺栓连接框架结构的设计方法，遵守强节点弱构件的设计原则，确保构件的破坏优先于连接节点的破坏。根据构件自身的实配钢筋，计算相应的承载力，连接节点的承载力应大于构件自身的承载力，且根据抗震等级考虑一定的放大系数。

预制柱的连接通过在柱底预埋柱靴螺栓连接器，在基础或下柱中预埋锚固螺栓，现场将预制柱底的螺础或下柱中预埋锚固螺栓，现场将预制柱底的螺栓应在基础内可靠锚固，螺栓连接器与柱内纵向受力钢筋应可靠连接，最后对接缝进行灌浆填实。

短暂设计工况下的施工验算，可根据连接螺栓抗拉应力和轴向间距来确定受弯承载力，复核由预制柱自重和风荷载产生的柱底弯矩。柱与基础连接做法见图9-13。

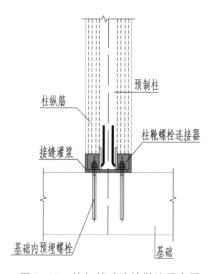

图9-13　柱与基础连接做法示意图

全预制梁与柱的螺栓连接是通过在预制梁端预埋梁靴螺栓连接器，在预制柱身预埋锚固螺栓，现场将螺栓连接器与螺栓连接，最后对接缝进行灌浆填实的连接方式。梁柱节点采用牛腿结合螺栓连接的形式，梁端螺栓连接座与梁内纵向受力钢筋应可靠连接，节点内预埋螺栓应在柱内可靠锚固；边节点可在柱内弯折锚固或者机械锚固，中节点可贯穿柱截面。全预制梁与柱的连接节点见图9-14。

当采用叠合梁时，在梁底设置梁靴螺栓连接座，与节点内的预埋螺栓连接，梁上部纵筋可采用螺栓套筒等机械连接形式，与节点内预埋螺栓连接。在持久设计工况及地震设计工况下，可按照现行国家标准《混凝土结构设计标准》（GB/T 50010—2010）的有关规定计算正截面受弯承载力。叠合梁与柱的连接节点见图9-15。

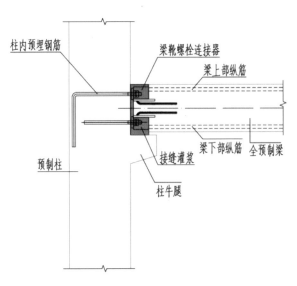

图 9-14 全预制梁与柱的连接节点

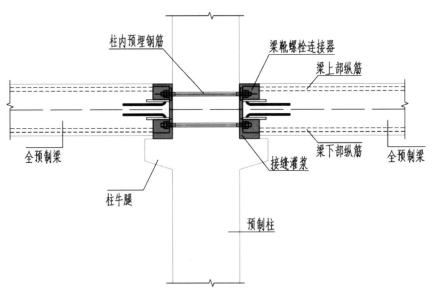

图 9-15 叠合梁与柱的连接节点

9.3 装配式复合模壳体系混凝土剪力墙

在传统的现浇混凝土结构工程中，模板、钢筋分项工程以及门窗安装、砌块填充墙、外保温及粉刷等工序的现场施工效率较低，工人的日均产值在 500～2300 元；而混凝土分项工程的现场施工效率却非常高，工人的日均产值最高可达 2000 元，与前者相比高一个数量级。目前，我国建筑行业正在大力发展装配式建筑，推动产业结构调整升级，但现有的装配式建筑体系往往将日均产值高的混凝土分项工程改在工厂进行，而将产值低的模板、钢筋、粉刷等工序仍大部分留在现场进行，导致施工进度缓慢，造价费用增多。

另外，目前应用较多的装配整体式剪力墙结构体系，在预制剪力墙安装过程中增加了套筒灌浆施工工序，工期相应加长，在施工管理不到位的情况下，在一定程度上也带来了灌浆质量问题。对于装配整体式框架—现浇剪力墙结构体系，由于剪力墙须现场现浇，实际装配程度并不高，现场依然需要大量的模板、钢筋、粉刷等工作，由此产生的废料、污染、噪声、扬尘和质量问题也没有得到根本性的解决，而装配式复合模壳剪力墙体系（简称模壳剪力墙体系）的研发和应用在很大程度上解决了上述问题。

9.3.1　模壳剪力墙体系简介

复合模壳是指采用热镀锌电焊网、纤维等材料增强的水泥基薄板（一般厚度为20～30 mm），在构件浇筑混凝土时作为模板，在建筑物使用中作为饰面基层，简称模壳。

装配式复合模壳体系是指由免拆的水泥基复合模壳、钢筋骨架、拉结件、机电管线等组装而成的一体化部件，简称模壳体系。

在施工现场安装模壳体系，并在连接部位安装连接钢筋，模壳内浇筑混凝土后形成的混凝土剪力墙，叫作装配式复合模壳混凝土剪力墙，简称模壳剪力墙。模壳剪力墙的组成见图9-16。

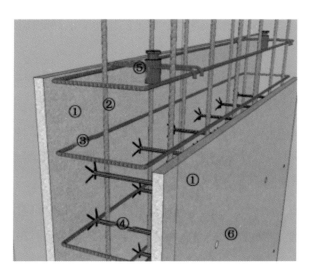

①—模壳
②—竖向钢筋
③—横向钢筋
④—拉结件
⑤—标高定位附件
⑥—斜撑固定螺栓孔

图9-16　模壳剪力墙的组成

9.3.2 模壳剪力墙体系的特点、优势与应用范围

模壳剪力墙体系是实现建筑工业化的一种路径，其对传统的现场现浇混凝土以及现有的预制构件厂整体预制混凝土实心剪力墙体系在施工流程上进行了调整。模壳剪力墙体系将传统现场施工效率较低的模板、钢筋、管线、抹灰四大分项工程转移至工厂完成，而将混凝土浇筑分项工程仍然保留在现场实施。这对施工效率、环境、碳排放量、构件质量都有着积极的影响。模壳剪刀墙体系既能充分发挥工厂化生产和现场现浇的优点，又能规避两者的不足，且施工轻巧灵便，钢筋、管线可视可检，节点构造简单，免支模、免拆模、免粉刷。上述特点使项目减少了现场效率低下的工序，节省了大量的人工，提高了各分项工程质量，进而提升了产品的市场应用价值。除以上特点外，模壳剪力墙还有以下优势：

①面板采用复合砂浆，厚度薄、免蒸养，模板养护费用可减少；另外，由于整体构件较轻，可节省运输费、吊装费。

②模壳剪力墙体系仅需布置临时斜向支撑，不需设置模板对拉螺杆，其模壳可自行承担浇筑混凝土时的模板侧压力。

③竖向构件可采用现浇结构中的搭接连接、机械连接、焊接连接，避免了钢筋灌浆套筒连接在施工过程中可能存在的技术风险。

④模壳构件外观尺寸设计相对自由，在拼装及组合设计上相对灵活，使得模壳剪力墙体系在现场使用的后封模板可以采用标准板，提高模板重复使用率，从而更加节能、环保、经济。

⑤由于模壳构件免拆模，其对浇筑完的混凝土的养护起到了很好的作用，尤其是在天气突变的情况下。

因模壳剪力墙体系的特点及优势，其在公共建筑及工业建筑中应用较多，但模壳剪力墙也存在其不足之处。因其自带约20 mm厚免拆模模壳，模壳会在一定程度上占用室内的使用空间，特别对于室内空间较为敏感的住宅建筑会产生一定的影响，采用该体系时需提前考虑室内空间问题。另外，由于其自带模壳特性，使混凝土分项工程变为隐蔽工程，故对模壳墙体内的混凝土成型质量验收需要更加严格。

模壳剪力墙体系在部分省市装配式建筑中均有政策支持并得到广泛应用。如沪建建材〔2019〕765号文、江西省《装配式建筑评价标准》（DBJ/T 36-064—2021）、琼建科〔2021〕305号文中均有相应的预制构件应用比例计算方法。故采用模壳剪力墙体系也能提高相应的预制率或装配率，也是实现建筑工业化的一种途径。模壳剪力墙现场施工实景图见图9-17。

图9-17 模壳剪力墙现场施工实景图

9.3.3 典型连接节点

模壳剪力墙连接节点设计主要包括模壳剪力墙竖向分布钢筋连接做法、非边缘构件处模壳剪力墙水平钢筋连接做法、模壳剪力墙边缘构件处连接做法等。典型竖向接缝连接节点见图9-18，典型水平接缝连接节点见图9-19。

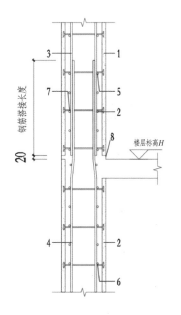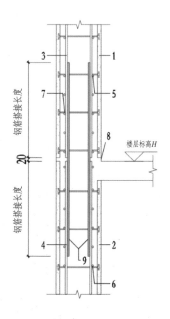

①—上层墙模壳
②—下层墙模壳
③—上层墙竖向钢筋
④—下层墙竖向钢筋
⑤—上层墙水平钢筋
⑥—下层墙水平钢筋
⑦—拉结件
⑧—底部拼缝
⑨—附加竖向搭接钢筋

图9-18 典型水平接缝连接节点做法

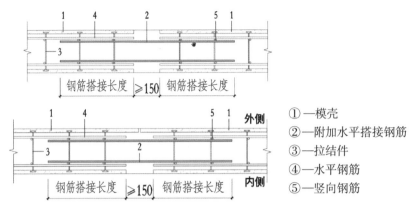

① —模壳
② —附加水平搭接钢筋
③ —拉结件
④ —水平钢筋
⑤ —竖向钢筋

图9-19 典型竖向接缝连接节点做法

9.3.4 模壳剪力墙在住宅项目中的应用案例

【例】某商品住宅项目总占地115934 m²，共63幢。54#楼采用装配复合模壳体系混凝土剪力墙结构，抗震等级四级；54#楼建筑面积2074.89 m²，地上四层，地下二层，建筑高度为14.550 m，层高为3.05 m，平面尺寸为44.4 m×14.5 m，平面较规则。采用的预制构件类型为模壳剪力墙、模壳梁、预制混凝土夹心保温外墙板、预制楼梯，其中模壳剪力墙主要应用于内墙。项目实景图见图9-20。

图9-20 项目实景

54#楼二层建筑平面图、建筑立面图分别如图9-21和图9-22所示，现场施工实景图见图9-23。

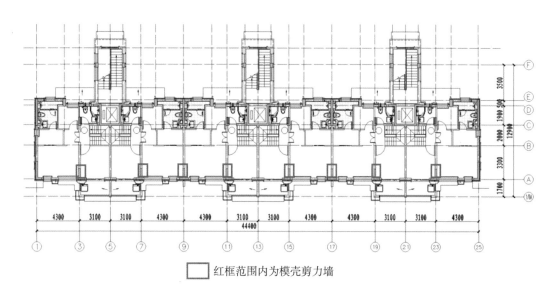

□ 红框范围内为模壳剪力墙

图9-21 二层建筑平面图

图9-22 建筑立面图

图 9-23 模壳剪力墙施工实景图

9.4 预应力技术在装配式建筑中的应用

近年来，随着工程技术水平的大幅度提升和个性化需求的日益增长，国内建筑市场对开敞大空间的需求不断增多，常规预制构件已不能满足大空间大跨度公共建筑的工业化建造方式。随着我国装配式建筑的各种技术和配套设备的发展，预制预应力混凝土构件技术已成为建筑工业化发展的一个重要方向。

9.4.1 预应力简介

"预应力"，顾名思义，就是预先施加应力。在制作钢筋混凝土构件时，采用某种方法使配置构件受拉区内的钢筋预先受拉，并使这个预拉力同时反作用于混凝土截面，则受拉区的混凝土便产生了压应力，这种构件就被称为预应力混凝土构件。预应力混凝土构件有以下受力特征：

①将预应力施加到混凝土构件中，能够使构件的抗裂性得到提高。

②对于预应力的大小，需要依据工程的实际需求来进行合理的调整。

③由于使用荷载的作用，使得构件在开裂之前还处于弹性工作阶段，适用于材料力学的计算公式。

④施加预应力对构件的正截面承载力没有明显影响，对构件的斜截面承载力能起到一定的提高作用。

按施加预应力的方式可分为先张法和后张法。先张法是指混凝土构件在浇筑混凝土之前对其预先施加应力，最后再放松并剪断预应力钢筋的方法。先张法的主要优势是生产工序少、工艺相对简单、比较容易保证施工质量、在构件上不需要设置永久性锚具、生产成本低、可在长线台上一次性生产多个构件，其不足是只能在工厂内生产中、小型构件。后张法是指混凝土构件制作时，在放置预应力筋的部位预留孔道，待混凝土达到一定强度（一般不低于设计强度标准值的75%）后将预应力筋穿入孔道中并进行张拉，然后用锚具将预应力筋锚固在构件上，最后进行孔道灌浆的方法。后张法的主要优势是不需要台座，构件可以在工厂制作，也可以在施工现场制作，其不足是只能单个逐一地施加预应力、施工工序复杂繁琐、需要设置永久性锚具、生产成本高，主要运用在大中型构件中。

先张法生产的预应力混凝土构件及后张法张拉钢筋后在孔道中灌浆所生产的预应力混凝土构件为有黏结预应力混凝土构件，其特点是受力性能好，裂缝分布均匀，裂缝宽度较小。后张法张拉钢筋后不在孔道中灌浆所生产的预应力混凝土构件为无黏结预应力混凝土构件，其特点是造价低，便于以后再次张拉或更换预应力钢筋。

相对于普通混凝土构件，预应力混凝土构件主要有以下优点：

①改善使用阶段的性能。受拉和受弯构件中采用预应力，可延缓裂缝出现并降低较高荷载水平时的裂缝开展宽度；采用预应力，也能降低甚至消除使用荷载下的挠度，因此，对于大跨度、重荷载具有明显的优势。

②提高受剪承载力。纵向预应力的施加可延缓混凝土构件中斜裂缝的形成，提高其受剪承载力。

③改善卸载后的恢复能力。混凝土构件上的荷载一旦卸去，预应力就会使裂缝完全闭合，大大改善结构构件的弹性恢复能力。

④提高耐疲劳强度。预应力作用可降低钢筋中应力循环幅度，而混凝土结构的疲劳破坏一般是由钢筋的疲劳（而不是由混凝土的疲劳）所控制的。

⑤能充分利用高强度钢材，减少材料消耗，减轻结构自重。在普通钢筋混凝土结构中，由于裂缝和挠度问题，如使用高强度钢材，则不可能充分发挥其强度。例如，1860 MPa级的高强钢绞线，如用于普通钢筋混凝土结构中，钢材强度发挥不到20%，其结构性能早已满足不了使用要求，裂缝宽，挠度大；而采用预应力技术，不仅可控制结构使用阶段性能，而且能充分利用高强度钢材的潜能，减小结构构件的截面尺寸。故采用预应力可增加建筑使用净高，大大节约钢材用量，并减小截面尺寸和混凝土用量，具有显著的经济效益。

⑥可调整结构内力。将预应力筋对混凝土结构的作用作为平衡全部和部分外荷载的反向荷载，成为调整结构内力和变形的手段。因此，现代预应力混凝土是解决建造大（大跨度、大空间建筑）、高（高层建筑、高耸结构）、重（重荷载、重型结构、转换层结构）、特（特种结构如水池、电视塔、安全壳）等类建筑结构物和工程结构物的不可缺少的、重要的结构材料和技术。

当然，预应力混凝土结构也存在着如下缺点：

①工艺较复杂，质量要求高，因而需要配备一支技术较熟练的专业队伍。

②需要有一定的专业设备，如张拉机具、灌浆设备等。

③预应力反拱不易控制，它将随混凝土的徐变增加而加大，可能影响建筑使用效果。

④预应力混凝土结构的开工费用较大，对于跨径小、构件数量少的工程，成本较高。

⑤将预应力构件在工厂通过专业技术人员采用专业设备进行制作，则可以提高构件质量，并减少构件的制作成本。

目前使用较为普遍的预制预应力构件类型主要有预应力混凝土梁、预应力双T板、预应力带肋底板、钢管桁架预应力混凝土叠合板、预应力空心板等。其中，预应力梁和预应力双T板是应用较为广泛的预应力水平构件。

9.4.2 预应力双T板在公建项目中的应用

预应力双T板由于其经济性好、承载力高、施工方便等特点，在世界范围内得到广泛的应用。在我国，随着建筑工业化的快速发展，双T板的应用范围也逐渐由原来的工业建筑扩展到公共建筑上。

9.4.2.1 应用现状

预应力双T板是由受压面板和两个肋梁组成，其截面呈两个"T"形。双T板截面形状经济合理，T形截面保证了预应力筋较大的截面有效高度，且板普遍采用高强预应力钢筋和高强混凝土，材料用量较少，所以双T板经济性优势明显，其典型的截面形状详见图9-24、图9-25。

我国双T板普遍应用于现浇框架（框排架）的工业厂房屋面板中。国标图集双T板以3 m为标准模数，宽度多为2.4 m或者3 m，肋宽一般为100 mm或120 mm厚；生产时可采用单模固定模台短线法进行生产，也可以将多个单模合并成长线法进行生产。伴随着我国建筑工业化的重新兴起，双T板作为标准化程度很高的预制构件，体现出强

图 9-24 典型预应力双 T 板形状　　　　图 9-25 双 T 板在停车楼中的应用

大的先天优势。借鉴国外公共建筑中的应用情况，双 T 板在我国也逐渐从工业建筑扩展到了停车场、商业建筑、办公楼、仓储类等公共建筑，并取得了较好的经济效益。

9.4.2.2 公共建筑应用特点分析

公共建筑即供人们进行各种公共活动的建筑，一般包括办公建筑、商业建筑、旅游建筑、科教文卫建筑、通信建筑、交通运输类建筑等。公共建筑属于民用建筑的一类，有自身的一些特点，对运用预制构件的方式有特别的要求。

①构件跨度尺寸的多样性。一般工业厂房的柱网模数为 3 m，而公共建筑由于其使用功能的多样化，柱网模数一般取 300 mm。为适应公共建筑双 T 板跨度尺寸的无模数化及灵活多变的特点，要求模具"长度可调"，故采用预应力长线法模具生产不带横肋、全长等截面的双 T 板将成为趋势。

②预制双 T 板作为单向受力的简支构件，相邻构件的密拼缝是永久存在的，公共建筑项目，设计时须对拼缝处的板面进行预处理，板底拼缝视情况进行处理，以避免后期使用中出现不规则裂缝。

③预制双 T 板楼盖需要加强结构整体性设计，确保板墙、板梁和板板之间能可靠连接，形成刚性楼盖。

④民用建筑中的耐火等级可达到一级，其对结构构件的耐火等级也有相应的要求。如应用于一级防火的公共建筑时，要求构件的耐火极限不小于 1.5 h，此时对于预应力钢筋或者钢绞线来说，其保护层厚度不应小于 40 mm。目前，国标图集的双 T 板适用范围为耐火等级为二级的屋面板和楼面板。防火要求高于二级时，需要复核预应力筋的保护层厚度，必要时还需提供构件耐火极限试验报告。

9.4.2.3 预应力双 T 板在公建项目中的应用案例

某办公楼项目的建筑平面采用裙房+主楼形式，裙房东西长 64.4 m、南北长 48.3 m；

主楼范围平面尺寸为53.5 m×27.8 m。建筑高度为59.90 m，地下2层，地上11层。使用功能多样，2层荷载为2000 kg/m²，其他楼层荷载为450 kg/m²，标准柱网尺寸为8.7 m×8.7 m，局部最大柱网跨度达到11.0 m，具备典型的大跨重荷的特征。结构形式为装配整体式框架—现浇剪力墙结构。主要采用的预制构件有预制倒T/L形框架梁、预制次梁、预制框架柱、预制叠合板、预制双T板、预制梯板。

端部设企口的预应力双T板（见图9-26）直接搁置在带挑耳的预制框架梁上（见图9-27），实现现场的免撑、免模施工。现场施工实景图见图9-28。

图9-26 端部变截面双T板

图9-27 双T板搁置于倒T/L形截面框架梁上

图9-28 现场施工实景图

9.4.3 后张拉无黏结预应力在公建项目中的应用

随着建筑工业化技术的发展，装配式建筑结构的新型改进形式——后张拉无黏结预应力压接技术也逐渐被应用，实现预制预应力框架梁梁柱节点"干式装配"的预应力压接装配混凝土框架体系，其在地震作用下具有良好的自复位和低损伤特性，可以实现大柱网、大层高的建筑空间，同时实现免模、少撑施工，显著提高主体结构的施工效率，适用于抗震设防烈度8度及以下的办公、学校、厂房等建筑类型，是具有良好发展潜力的预制结构体系。其技术特点是全部或部分的框架梁、框架柱采用预制混凝土构件，并通过施加后张预应力连接形成的预应力压接装配混凝土框架体系。主要参考的规范有《预应力混凝土结构抗震设计标准》（JGJ/T 140—2019）、《预应力压接装配混凝土框架应用技术规程》（T/CECS 992—2022）等。

【例】某商业办公建筑的平面轮廓为45 m×11.8 m，总建筑面积约为916 m²，地下1层，地上2层，建筑高度为8.75 m，一、二层层高分别为5 m、3.75 m，典型标准跨度为4.5 m×9 m，结构采用后张预应力全装配混凝土框架结构，通过采用该结构形式，在结构跨度为9 m的情况下，梁高控制在600 mm，仅采用预制主梁及预应力叠合板，不布置次梁，极大地提高了使用舒适度和后续改造的可能性。本项目主要的预制构件为预制通高柱、预制主梁、预制次梁、预制叠合板、全预制无黏结预应力框架梁。

本项目2层及屋面层采用全预制无黏结预应力框架梁，典型跨度为9 m，最大跨度为13.5 m。对预制柱、梁柱节点及梁板节点的简要分析如下。

①本项目预制柱从基础至屋面采用通高预制，预制总长度接近15 m（见图9-29）。

②2层及屋面层预制框架梁采用预制梁，梁端不出筋，构件生产简单，生产效率高，在预制梁的中部预留后穿预应力钢绞线的波纹管，梁上、下部预留了耗能钢筋孔道，梁端预留的波纹管、孔道与柱预留波纹管、孔道对齐，现场穿预应力钢绞线和耗能钢筋，形成预应力压接节点，以实现梁柱节点"干式装配"的预应力压接装配混凝土框架体系。二层预制构件平面布置图见图9-30，预制预应力梁示意图见图9-31，典型梁柱预应力压接节点见图9-32，现场施工实景图见图9-33。

图9-29　通高预制柱示意图

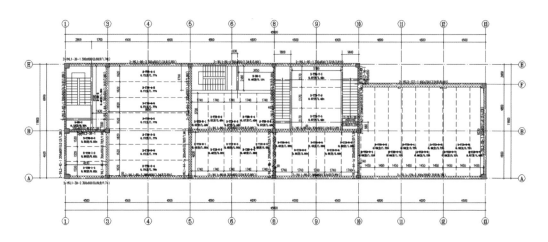

图9-30　二层预制构件平面布置图

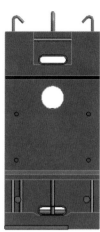

图 9-31 预制预应力梁示意图

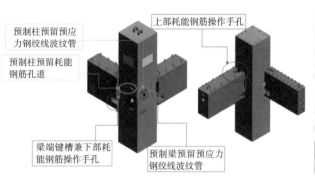

图 9-32 二层梁柱预应力压接节点示意图

图 9-33 现场施工实景图

9.5 装配式混凝土建筑减震隔震技术

随着我国经济逐渐由劳动密集型产业向资本与技术密集型产业的转变，我国建筑行业对更高效建筑方式的技术发展需求更强、市场对装配式建筑的期待与信心愈发增长，装配式建筑的发展充满生机。然而，装配式建筑抗震性能与传统混凝土现浇建筑相比，具有节点变形大、容易破坏、耗能不足、延性差、构件连接可靠性和整体性差、抗震性能薄弱等不足。2021年5月12日，国务院第135次常务会议通过的《建设工程抗震管理条例》鼓励建设工程中采用减震隔震等技术，提高抗震性能。减震隔震技术能够极大消减地震作用，在经恰当的设计和施工后，能够对其上部结构起到减震隔震产品难以起到的保护效果。

目前的装配式混凝土结构建筑设计标准适用于8度及以下烈度，对于8度以上采用装配式混凝土结构的建筑可采用等同现浇的方法进行性能化设计。装配式混凝土建筑的核心特征在于其模块化的建筑思维，梁、柱、楼板等部分结构构件甚至全部构件，或是集装箱式的模块构件事先在工厂中生产好，运往施工地点进行拼装。

9.5.1 减震隔震技术简介

基于减震隔震技术对抗地震的优良表现与装配式建筑对抗震能力的需求完美契合，将减震隔震技术应用在装配式建筑中将是大势所趋。装配式建筑常采用混合材料的模式，且因预制构件和连接节点构造多样，导致破坏模式和地震模拟准确度较低。

隔震建筑上部建筑所受水平力折减极大，几乎没有太大的韧性要求，对于多种材料构成的无明确破坏模式的混合结构，上部结构设计的自由度能够得到极大的提高。将隔震和消能减震技术合理应用于装配式建筑结构中，可以有效提高装配式建筑结构的抗震性能。隔震技术是指在房屋基础、底部或下部结构与上部结构之间设置隔震层，以延长整个结构体系的自振周期、增大阻尼，减小输入上部结构的地震作用，不让地震力直接传递给建筑物，可减轻地震的摇晃约1/3，对钢筋混凝土结构较为有利。

减震技术是通过在结构的特定部位设置消能器，使消能器来耗散或者吸收大量地震输入结构的能量，从而有效减轻主体结构的地震反应和损伤。通过减震器对地震力产生阻尼，可减轻地震的摇晃约3/4，对钢结构尤为适合。采用减震隔震技术，可能会使装配式建筑的节点连接变得相对简单。

隔震装置主要分为铅芯隔震橡胶支座、高阻尼隔震橡胶支座、弹性滑板支座、摩擦摆隔震支座、三维隔震支座等，如图9-34所示。

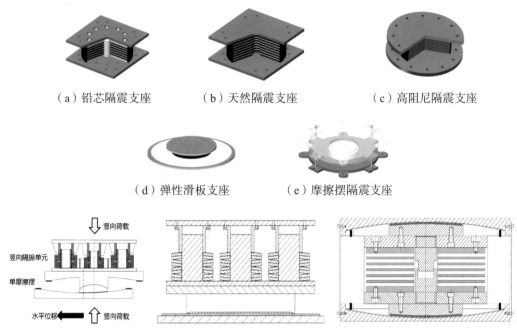

（a）铅芯隔震支座　　　（b）天然隔震支座　　　　（c）高阻尼隔震支座

（d）弹性滑板支座　　　（e）摩擦摆隔震支座

（f）碟簧摩擦摆三维隔震支座　（g）碟簧弹性滑板三维隔震支座　（h）厚肉橡胶摩擦摆三维隔震支座

图9-34　隔震装置示意图

　　消能减震装置主要分为黏滞阻尼器、黏弹阻尼器、屈曲约束支撑、金属屈服型阻尼器、摩擦阻尼器、调谐质量阻尼器等。其中，黏滞消能器、黏弹消能器属于速度型消能器，屈曲约束支撑、金属屈服型阻尼器、摩擦阻尼器属于位移型阻尼器。每种消能器各有特点，可根据建筑结构形式和使用功能等不同选用合适的消能器，如图9-35所示。

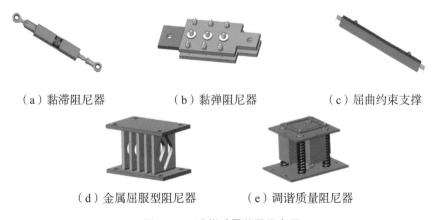

（a）黏滞阻尼器　　　　（b）黏弹阻尼器　　　　（c）屈曲约束支撑

（d）金属屈服型阻尼器　　　（e）调谐质量阻尼器

图9-35　消能减震装置示意图

9.5.2 减震隔震技术设计

隔震技术设计，高层建筑多采用剪力墙结构，在开始定方案时，应注意结构的高宽比不宜过大，一般控制在3以内比较好，不宜超过4。对于剪力墙结构，剪力墙的布置不宜过于集中，同时在SATWE（空间组合结构有限元分析软件）中验算罕遇地震时，尽量避免上部结构出现过大拉力。如图9-36（a）所示。

减震技术设计，消能减震结构中布置消能器楼层的数量，多层建筑不少于总层数的二分之一，高层建筑不少于三分之一，且在布置消能器的楼层中，消能器实际最大出力之和不低于楼层总剪力15%的楼层不少于一半。消能器的最大间距宜按剪力墙最大间距的相关要求确定。如图9-36（b）所示。

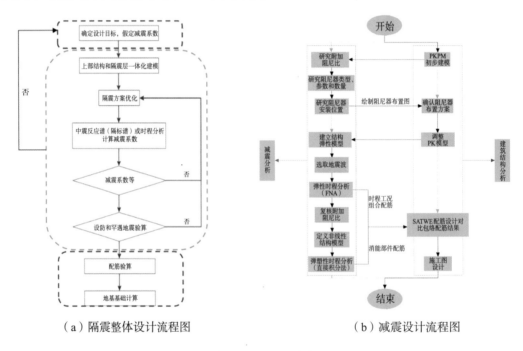

（a）隔震整体设计流程图　　　　　（b）减震设计流程图

图9-36　减震隔震技术设计流程示意图

9.5.3 减震隔震技术应用

9.5.3.1 隔震技术应用

深圳市福田区荔香公共文体中心项目位于深圳市福田区荔香路机关泳池地块，是融合体育场馆、文化设施等多功能于一体的综合性建筑。项目主体建筑文体中心建筑高度为23.8 m，地上五层，局部设地下二层。项目总用地面积为3223 m²，总建筑面积为12772 m²，其中地上建筑面积10277 m²，地下建筑面积2495 m²。地上建筑长64 m，宽39.1m，结构体系为钢框架中心支撑结构。项目采用ECD电涡流阻尼器和组合式三维隔震支座，抗震设防烈度为7度，设计基本地震加速度值0.10 g，设计地震分组为第一组，场地土类别为Ⅰ、Ⅱ类场地，场地特征周期为0.35 s。隔震支座位于地下一层隔震层之间，隔震支座下法兰通过螺栓及连接件与下支墩锚固，上法兰通过螺栓及连接件与上支墩锚固。如图9-37所示。

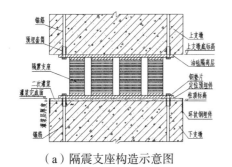

（a）隔震支座构造示意图　　　　（b）深圳市福田区荔香公共文体中心项目

图9-37　隔震技术应用示意图

9.5.3.2　减震技术应用

深圳市长圳公共住房及其附属工程项目总建筑面积为114.6万 m²，6号楼位于整个项目的中心位置，结构总高度为91.9 m，建筑面积约为1.64万 m²。本项目采用装配式大跨度钢混组合结构体系，其主结构为框架—中心支撑结构体系，竖向承重体系由钢管混凝土柱和钢柱组成，并与结构外围布置的钢支撑、屈曲约束支撑和楼电梯间布置的防屈曲钢板剪力墙、钢支撑形成整体抗侧力体系，水平楼盖体系由钢梁和叠合楼板构成。如图9-38所示。

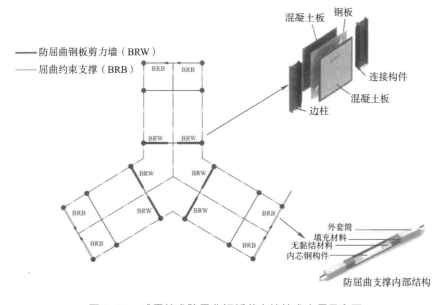

图9-38　减震技术防屈曲钢板剪力墙技术应用示意图

在国内，减震隔震技术也已经得到应用，在一些常规的建造中，也积累了不少经验，对推广应用到装配式建筑中具有借鉴意义。学习国际装配式建筑技术的同时，也要把减震隔震这样的先进技术结合进来，把采用减震隔震技术的装配式建筑结构体系，作为装配式建筑创新、进一步提供高质量的技术。装配式建筑是未来建筑行业的主要建造模式，然而其存在一些结构问题，尤其是预制化、模块化的构件连接技术薄弱，导致结构整体抗震能力较差。随着减震隔震技术在国内的普及与应用，因其对上部结构具有出色的水平力折减效应，故使得上部结构的设计自由度更高，所需承载的地震动能量显著降低，这与装配式建筑由多种材料混合组建、不同类型预制件连接方式不同、整体结构性质难以模拟的特点完美契合。在保证合适场地、合适土壤环境，结构底部在地震中不易出现拉应力的情况下，将减震隔震技术应用于装配式建筑中将极大地提高建筑本身的抗震性能。

附　录

本指南参考的深圳市现行装配式建筑政策及标准、规范、图集如下：

《深圳市住房和建设局关于印发〈深圳市推进新型建筑工业化发展行动方案（2023—2025）的通知〉》（深建设〔2022〕18号）

《深圳市住房和建设局关于延续执行〈深圳市装配式建筑评分规则〉的通知》（深建规〔2023〕11号）

《深圳市住房和建设局关于印发〈深圳市装配式建筑项目建设管理办法〉的通知》（深建规〔2023〕12号）

《装配式建筑评价标准》（GB/T 51129—2017）

广东省《装配式建筑评价标准》（DBJ/T 15-163—2019）

《深圳市装配式建筑评分规则》

《装配式混凝土建筑技术标准》（GB/T 51231—2016）

《装配式混凝土结构技术规程》（JGJ 1—2014）

《装配式住宅建筑设计》（JGJ/T 398—2017）

《装配式住宅建筑检测技术标准》（JGJ/T 485—2019）

《装配式内装修技术标准》（JGJ/T 491—2021）

《预制混凝土外挂墙板应用技术标准》（JGJ/T 458—2018）

《居住建筑室内装配式装修技术规程》（SJG 96—2021）

《混凝土模块化建筑技术规程》（SJG 130—2023）

《深圳市装配式混凝土建筑信息模型技术应用标准》（T/BIAS 8—2020）

《装配式混凝土结构连接节点构造（2015年合订本）》（G310 1～2）

《装配式混凝土结构连接节点构造（框架）》（20G310—3）

《装配式建筑标准化产品系列图集（预制内墙条板）》（SJT 03—2023）

《装配式建筑标准化产品系列图集（叠合楼板）》（SJT 04—2023）

《装配式建筑标准化产品系列图集（预制混凝土楼梯）》（SJT 05—2023）

《装配式建筑标准化产品系列图集（整体卫生间）》（SJT 06—2023）

注：

（1）除上述所列外，参考本指南尚应符合国家、部委及地方制定的政策、标准、规范、规程和规定。

（2）当上述文件出现新版本时，应参考最新有效版本。